普通高等教育农业农村部“十三五”规划教材
全国高等农林院校“十三五”规划教材

作物栽培学实验指导

于振文　李雁鸣　主编

中国农业出版社
北　京

主　　编　于振文（山东农业大学）
李雁鸣（河北农业大学）
副 主 编　（按姓氏笔画排序）
石　玉（山东农业大学）
张　胜（内蒙古农业大学）
张永丽（山东农业大学）
张保军（西北农林科技大学）
赵全志（河南农业大学）
赵宏伟（东北农业大学）
编写人员　（按姓氏笔画排序）
于振文（山东农业大学）
王　术（沈阳农业大学）
王海英（沈阳农业大学）
石　玉（山东农业大学）
刘　鹏（山东农业大学）
杜金哲（青岛农业大学）
李　明（东北农业大学）
李雁鸣（河北农业大学）
张　胜（内蒙古农业大学）
张永江（河北农业大学）
张永丽（山东农业大学）
张保军（西北农林科技大学）
周顺利（中国农业大学）
赵全志（河南农业大学）
赵宏伟（东北农业大学）
崔福柱（山西农业大学）

前　　言

作物栽培学是研究作物生长发育、产量和品质形成规律及其与环境的关系，探索通过栽培管理、生长调控、优化决策等途径，实现作物高产、优质、高效、生态、安全及可持续发展的理论、方法与技术的科学。作物栽培学理论教学与实验教学相辅相成，形成完整的作物栽培学教学体系。本教材组织北方10所农业高等学校的16位教师，根据教学大纲和作物栽培学课程教学的内容编写而成，是《作物栽培学各论（北方本）》的配套实验课程教材。

现代作物栽培要求高产、优质、高效、生态、安全，本书内容力求反映现代作物栽培学的学科内容和技术水平。本教材共有28个实验，包括北方19种主要农作物，作物类别有粮食作物、油料作物、纤维作物和糖料作物。实验内容包括19种农作物的形态和类型识别，小麦、玉米、水稻、谷子、大豆、花生、油菜和棉花8种农作物成熟期测产和考种方法，小麦、玉米和水稻的穗分化过程观察和外部形态诊断，水稻的育秧和甘薯的育苗技术。本教材文字表达简练，内容适于北方各高等院校使用。由于作物栽培学地域性强，在采用本教材时，可以根据地区特色，加以取舍和补充。

参与本教材编写的编者及分工如下：李雁鸣编写实验一，张永丽编写实验二和实验四，石玉编写实验三，崔福柱编写实验五和实验十四，周顺利编写实验六，刘鹏编写实验七和实验八，赵全志编写实验九和实验十一，赵宏伟编写实验十和实验二十八，王术编写实验十二，张保军编写实验十三、实验十五和实验十六，张胜编写实验十七、实验二十二和实验二十三，王海英编写实验十八和实验十九，杜金哲编写实验二十和实验二十一，张永江编写实验二十四、实验二十五和实验二十六，李明编写实验二十七。于振文统稿定稿。本教材在编写过程中，各位编写人员严肃认真，其所在学校和出版社给予热情支持和帮助，对此表示衷心的感谢。

本书可以作为高等院校农学类本科学生学习作物栽培学课程时进行实验教学的教材，也可以供农学类专业的教师、研究生、农业科技人员在作物栽培学的科学研究中和生产调查中参考使用。

由于编者水平所限，错误之处在所难免，敬请读者不吝指正。

编　者

2019年5月

目　录

实验一　小麦分蘖特性的观察

一、实验目的

1. 熟悉分蘖期麦苗的形态特征，认识分蘖的各种类型。
2. 了解主茎叶片与分蘖发生的同伸关系，分蘖与次生根发生的关系。
3. 学习分析小麦分蘖期幼苗性状的方法。

二、实验内容说明

（一）分蘖期麦苗的形态和组成

小麦的幼苗由初生根、次生根、盾片、胚芽鞘、地中茎、分蘖节、主茎叶片、分蘖鞘和分蘖叶片等构成。

1. 初生根　初生根又称为胚根、种子根。种子萌发时先有 1 条胚根生出，称为初生胚根；随后成对出现 1～3 对次生胚根。初生胚根和次生胚根组成小麦的初生根系。初生根一般为 3～7 条，少数有 8 条。初生根在形态上比次生根细，根毛少，颜色较深。

2. 次生根　次生根又称为节根，着生于分蘖节上，与分蘖同时发生。一般主茎每发生 1 个分蘖，就在主茎叶的叶鞘基部长出数条次生根。次生根在形态上比初生根粗，附着土粒较多。在有胚芽鞘分蘖时，胚芽鞘节上有时也发生 1～2 条次生根，其一般比初生根稍粗，但比分蘖节发生的次生根稍细，并且由于发生部位与种子根接近，极易与种子根混淆。

3. 盾片　盾片与初生根一起，位于地中茎下端，呈光滑的圆盘状，与胚芽鞘在同一侧。

4. 胚芽鞘　种子萌发后，胚芽鞘首先伸出地面，为透明的细管状物。顶端有孔，见光后开裂，停止生长。到麦苗分蘖以后，它位于地中茎下端。

5. 地中茎　地中茎指胚芽鞘节与第 1 真叶节之间出现的一段乳白色的细茎，也称为根茎。地中茎是调节分蘖节深度的器官，当播种过深，超过地中茎的伸长能力时，第 1 叶与第 2 叶之间或第 2 叶与第 3 叶之间的节间也会伸长，出现多层分蘖的现象。

6. 分蘖节 发生分蘖的节称为分蘖节，由几个极短的节间及其节、幼小的顶芽和侧芽（分蘖芽）组成。它不仅是长茎、长叶、长蘖、长次生根的器官，也是储藏营养物质的器官。

7. 分蘖鞘 分蘖鞘也称为鞘叶，在形态上与胚芽鞘相似，也是只有叶鞘没有叶片的不完全叶。小麦的每个分蘖都包在分蘖鞘里，与主茎幼小时包在胚芽鞘中一样。分蘖刚从叶鞘中伸出时，由分蘖鞘中伸出分蘖的第 1 叶片。

8. 主茎叶片 小麦苗期的主茎叶片丛生在分蘖节上。第 1 片叶在形态上与其他叶片不同，上下几乎一样宽，顶端较钝，叶片短而厚，叶脉较明显，形似宝剑。小麦主茎第 1 叶片都在盾片和胚芽鞘的对侧，由第 1 叶片向上的各个叶片均为互生。

（二）小麦分蘖的类型

由于生育条件的不同，麦苗会出现不同的分蘖类型。根据分蘖的着生部位和入土深度，通常分为以下 4 种类型。

1. 普通分蘖型 普通分蘖型在主茎上形成 1 个分蘖节，是最常见的分蘖类型。

2. 胚芽鞘分蘖型 胚芽鞘是主茎的 1 片变态叶，叶腋中有 1 个分蘖芽，可长出 1 个分蘖。该分蘖还可发生二级分蘖。1 株小麦除了主茎的基本分蘖外，还生有胚芽鞘分蘖，称为胚芽鞘分蘖型。在种子质量好，播种深度适宜，肥水充足的高产田，常出现胚芽鞘分蘖。

3. 多层分蘖型 由于播种过深或其他条件的影响，除地中茎伸长外，主茎第 1 叶与第 2 叶之间，甚至第 2 叶与第 3 叶之间的节间也伸长，形成多层分蘖。

4. 地中茎未伸长分蘖型 播种较浅时，地中茎不伸长，形成地中茎未伸长的分蘖型。

（三）分蘖的出生及同伸关系

小麦幼苗长出第 3 叶时，由胚芽鞘腋间长出 1 个分蘖。由于胚芽鞘节入土较深，胚芽鞘分蘖常受抑制，一般只有在良好的条件下才能发生。

当主茎第 4 叶伸出时，在主茎第 1 叶叶腋里长出第 1 个分蘖（主茎第 1 分蘖）。当主茎第 5 叶伸出时，在主茎第 2 叶叶腋处生出 1 个分蘖（主茎第 2 分蘖），以此类推。着生于主茎上的分蘖称为一级分蘖。当一级分蘖的第 3 片叶伸出时，在其分蘖鞘叶腋间产生 1 个分蘖，以后每增加 1 片叶也按叶位顺序增长 1 个分蘖。上述均为分蘖节分蘖。分蘖节分蘖分为不同的级序，由主茎上长出的分蘖为一级分蘖，由一级分蘖上产生的分蘖为二级分蘖，由二级分蘖长出的分蘖为三级分蘖，以此类推。

分蘖的发生有严格的顺序性，一般情况下，主茎或分蘖上的腋芽都循着由低位向高位的规律萌发生长，并且与主茎叶的出生有一定的同伸关系（图 1-1）。

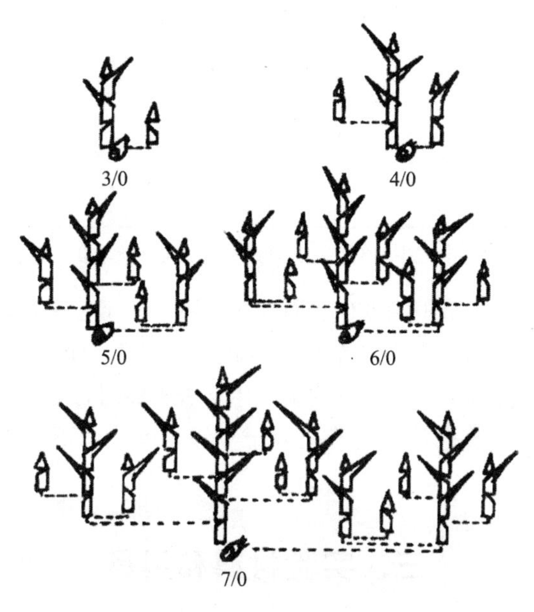

图 1-1　小麦分蘖与主茎叶片的同伸关系

（▯代表胚芽鞘、分蘖鞘；▱代表完全叶；△代表心叶；3/0、4/0 等代表主茎叶龄）

（引自山东农学院，1980）

基于上述同伸关系，根据主茎叶龄即可推算出全株可能出现的理论分蘖数。即主茎某叶片出现时可能出现的总分蘖数（包括主茎）为其前 2 个叶龄时发生的总分蘖数之和。例如主茎 7 叶龄的总分蘖数等于主茎 5 叶龄的总分蘖数加上主茎第 6 叶龄的总分蘖数，即 5＋8＝13。

一般大田生产上实际分蘖数常少于理论分蘖数，而稀播田和高产田实际分蘖数有时接近理论分蘖数，特别是在浅播条件下，实际分蘖数在某时期内也可能稍大于理论分蘖数。主茎的低位蘖发生比较正常，与主茎叶片的同伸关系也较为密切，而高位蘖发生的规律性较差。不良的环境条件影响分蘖的正常出生，不但可以抑制高位蘖，而且也可以抑制低位蘖的发生，使之形成空蘖（缺位），特别是胚芽鞘分蘖和主茎第 1 分蘖容易缺位。

表 1-1　主茎的叶位与各级分蘖出现的对应关系

（引自山东农学院，1975）

主茎出现的叶位	主茎出现的叶片数	单株总茎数（包括主茎）
1/0	1	
2/0	2	
3/0	3	1
4/0	4	2
5/0	5	3
6/0	6	5
7/0	7	8
8/0	8	13
9/0	9	21

注：胚芽鞘节分蘖与主茎叶位的同伸关系很不稳定，上表根据大量实际观察资料归纳。

小麦分蘖的发生与节根的发生也有一定关系。一般主茎每发生 1 个分蘖，就在出生分蘖的节上长出 3 条左右节根。从植物解剖学角度看，这些节根属于主茎，而不属于一级分蘖。当一级分蘖上发生二级分蘖时，在着生每个二级分蘖的节上一般可长出 2 条节根，这些节根属于一级分蘖，而不属于二级分蘖。余者类推。

三、实验材料和用具

1. 实验材料　实验材料包括不同播深、不同叶龄及不同分蘖类型的麦苗及相应的挂图或多媒体图片。

2. 实验用具　实验用具有解剖刀、解剖针、瓷盘、直尺、计算器等。

四、实验方法和步骤

（一）观察形态特征

取典型的分蘖期麦苗，对照挂图或多媒体图片分析小麦幼苗的形态结构，认识幼苗的初生根、次生根、盾片、胚芽鞘、地中茎、分蘖节、主茎叶片、分蘖鞘和分蘖叶片，注意各个器官的相互关系。注意观察主茎叶片的位序，依其互生关系，可以顺序确定不同叶位的叶片。叶龄较大时或生育中后期第 1 叶往往枯死，但其方位可依盾片的位置和方向确定。以盾片鉴别时，一定要把麦苗拿正，拉直胚根，地中茎不要扭曲。认识主茎叶序，还可以借助主茎分蘖（一级分蘖）的方位。在不缺位情况下，一般是 1 个主茎叶腋出生 1 个分蘖，确定了分蘖，也就找到了相应的叶片。根据这种关系，再区别主茎和分蘖。从位置上看，主茎一般位于株丛中央。从形态上看，一般主茎较分蘖高而粗壮。如遇特殊情况（畸形或缺位），需综合上述两种情况，并凭一定的经验确定。

（二）认识分蘖类型

取不同的分蘖型麦苗，对照挂图或多媒体图片认识各种分蘖类型。

（三）观察同伸关系

取主茎叶龄为 3、5、7 叶的麦苗，观察分蘖的出现与主茎的同伸关系。

（四）测量和比较

每组取 1 个播种深度的麦苗 5 株，逐株测量麦苗的高度、主茎叶片数及其长度和宽度、分蘖数及分蘖叶片数、次生根数、分蘖节深度和地中茎长度，取其平均值填入表 1-2。并按表 1-2 的项目将其他相应数据填入其中，进行比较。

表 1-2　不同播种深度的麦苗性状

播种深度（cm）	株高（cm）	次生根数（条/株）	分蘖节深度（cm）	地中茎长度（cm）	主茎叶数		主茎叶长、宽（cm）							分蘖数（个/株）
					展开叶	可见叶	第 1 叶长/宽	第 2 叶长/宽	第 3 叶长/宽	第 4 叶长/宽	第 5 叶长/宽	第 6 叶长/宽	心叶长	

五、作　　业

1. 写出 7 叶龄麦苗的理论分蘖数及该同伸组各成员的名称，观察记载 1 株 7 叶龄麦苗的实际分蘖数及其名称、次生根数及其部位。

2. 根据表 1-2 的资料，分析播种深度对麦苗性状的影响。

3. 从小麦分蘖发生的多样性，简述小麦的适应性及提高播种技术的重要性。

实验二　冬小麦起身期田间诊断

一、实验目的

1. 掌握冬小麦起身期的形态特征。

2. 熟悉各类麦苗的长势长相，学会制定因地因苗管理技术措施。

二、实验内容说明

（一）冬小麦起身期的生长发育特点

起身期是冬小麦由缓慢生长转入快速生长的初期。其特点是：春季分蘖接近结束，相继开始两极分化，对于水分、营养、光照、温度等环境条件有了较高的要求。小麦起身之后，拔节在即，拔节期的群体动态结构合理与否，对穗花发育和后期植株抗倒伏有重要影响。起身期的肥水管理是调节麦田群体合理发展，促进弱苗转壮，控制旺苗过度生长，促使壮苗稳健发展，提高分蘖成穗率，促进幼穗分化，争取壮秆大穗的关键时期。

（二）起身期的植株形态标准

麦苗由匍匐变为直立，主茎春生第 1 叶与年前最后 1 片叶的叶耳距达 1.5 cm 左右，春生第 2 叶接近定长时，穗分化进入二棱期。

（三）起身期田间诊断标准

田间诊断是根据不同地块的土壤墒情和供肥能力以及麦苗的长势长相分析苗情，为合理的肥水管理提供依据。总结各地经验，提出壮苗、弱苗和旺苗的诊断指标。

1. 壮苗　壮苗的叶片较宽厚而不披、斜举，叶色葱绿，心叶出生快，分蘖粗壮，大蘖与主茎的差距小，次生根多，根白、根粗。每公顷总茎数为 1 050 万～1 200 万，叶面积指数为 1.5 左右。

2. 旺苗　旺苗的叶色黑绿发亮，叶片宽大、下披，每公顷总茎数超过 1 200 万，叶面积指数过大，分蘖之间差别不大，分蘖两极分化延迟。如不控制旺苗的徒长，会造成穗数过多，群体内光照条件恶化，茎秆软弱，根系发育不良，穗小，易倒伏而减产。

3. 弱苗　常见的弱苗包括以下几种。

（1）缺肥弱苗　缺肥时叶片黄瘦而上举，分蘖出生慢而少，空心蘖出现早，根系少而弱，每公顷总茎数和叶面积指数低于壮苗。

（2）旺长弱苗　冬前群体过大的旺苗，冬季可能遭受冻害而转为弱苗，虽然每公顷总蘖数较多，但其生活力差。这类弱苗，因无效分蘖过多，导致地力过度消耗，如不加强管理，将会导致根系发育不良，穗少、穗小而减产。

（3）晚播弱苗　晚播麦苗生长弱，苗龄小，分蘖少。一般叶色正常，有时叶尖发紫。

三、实验材料和用具

1. 实验材料　实验材料为不同类型的麦田及植株。

2. 实验用具　实验用具包括钢卷尺、剪刀、小铲刀、电子天平、解剖镜、烘箱等。

四、实验方法和步骤

（一）田间调查

在了解小麦品种，逐块观察植株长势和叶色的基础上，把不同地块分为壮苗、弱苗和旺苗。选定壮苗、弱苗和旺苗的典型地块，进行田间调查。调查内容包括：测量麦苗株高（指自然株高）；采用对角线五点取样法，取点调查单位面积茎数，每个样点大小为 1 m^2，折算出每公顷总茎数。

（二）室内考查

在每类麦田中挖取带根的麦苗 20 株，进行室内调查。内容包括以下几项。

1. 计数　调查主茎叶片数、单株茎数、单株次生根条数。

2. 称鲜物质量　用电子天平称量 20 个植株的鲜物质量，并计算单株鲜物质量。

3. 测量　取 5 个植株，采用长宽系数法测量单株绿叶面积，并计算叶面积指数。

$$单片绿叶面积＝长（cm）\times 中部宽（cm）\times 0.83$$

4. 称干物质量　取 10 个植株，放入 80 ℃烘箱中烘至恒重，用天平称量，计算单株干物质量。

5. 观察 再取5个植株的主茎，用解剖镜观察穗分化时期。

（三）调查结果整理

将田间和室内调查、测定结果填入表2-1。

表2-1 冬小麦起身期田间诊断调查

项 目	壮 苗	旺 苗	弱 苗
单株茎数			
单株次生根条数			
单株主茎叶片数			
叶片颜色、大小、形状			
单株绿叶面积（cm^2）			
单株鲜物质量（g）			
单株干物质量（g）			
每公顷总茎数（万）			
叶面积指数			

五、作 业

1. 总结分析调查结果，写出起身期壮苗、弱苗和旺苗3种苗情的形态和群体结构指标。

2. 对各类苗的情况进行分析，并制定因苗管理措施。

实验三　小麦幼穗分化过程观察

一、实验目的

1. 学会观察小麦幼穗分化的方法，鉴别小麦幼穗分化各时期的形态特征。

2. 了解小麦幼穗分化过程与植株外部形态、生育时期的对应关系。

二、实验内容说明

（一）小麦穗、花的构造

小麦穗为复穗状花序，由穗轴和小穗组成。穗轴由穗轴节片组成，每个节片着生 1 枚小穗。每个小穗由小穗轴、2 个颖片和数朵小花构成。一般每小穗有小花 3～9 朵，但通常仅有 2～3 朵小花结实。1 个发育完全的小花包括 1 片外稃、1 片内稃、3 枚雄蕊、1 枚雌蕊和 2 枚鳞片。

（二）观察时间

小麦幼穗开始分化的时间，因播种期和品种不同而异。在秋播条件下，一般适时播种的冬性品种，返青后开始穗分化；春性强的品种或播种过早的冬性品种，亦可在冬前开始穗分化。所以开始观察的时间要根据具体情况确定。

幼穗分化是一个连续的渐变过程，从开始（伸长期）到结束（四分体期），以 3 d 左右观察 1 次为宜。

（三）小麦幼穗分化各时期的形态特征

小麦开始穗分化前，茎生长锥未伸长，基部宽大于高，呈半圆形，在基部陆续分化新的叶、腋芽和茎节原基。此期历时长短，因品种春化特性和播种期而异。小麦幼穗分化开始后各时期的形态特征及植株的形态特征见表 3-1 和图 3-1。

表 3-1　小麦幼穗分化各时期的形态特征

幼穗分化时期	幼穗形态特征	植株形态特征	时间（山东省）
Ⅰ. 生长锥伸长期	生长锥伸长，高度大于宽度，略呈锥状，叶原基停止发生，开始分化穗部各器官	年后新叶开始生长，叶片转为青绿色，正值返青期	冬性品种一般在2月中下旬进入此期，半冬性品种一般在越冬前进入此期
Ⅱ. 单棱期（穗轴节片分化期）	生长锥进一步伸长，由基部向顶部分化出环状突起，即苞叶原基。由于它在形态上呈棱形，故称为单棱期。苞叶原基是叶的变态，形态上与叶原基相似，但它不继续发育成叶，不久便消失。两苞叶原基之间形成穗轴节片	春生第1片叶伸长	冬性品种一般在2月下旬至3月上旬进入此期，半冬性品种一般在越冬前进入此期
Ⅲ. 二棱期（小穗原基分化期）	在生长锥中下部苞叶原基叶腋内出现小突起，即小穗原基。然后向上向下在苞叶原基叶腋内陆续出现小穗原基。因小穗原基与苞叶原基相间呈二棱状，故称为二棱期。此期持续时间较长，又分为下述3个时期 二棱初期：生长锥中部最初出现小穗原基，二棱状尚不明显 二棱中期：小穗原基数目逐渐增多，体积增大，从幼穗正面看超过苞叶原基，从侧面看二棱状最为明显 二棱末期：苞叶原基退化，小穗原基进一步增大，同侧相邻小穗原基部分重叠，二棱状已不再明显，但呈十分清晰的两列	春第2叶伸长，春第1叶与越冬交接叶的叶耳距达1.5 cm左右，正值小麦起身期	一般于3月中下旬进入该期
Ⅳ. 颖片原基形成期	在幼穗中部最先形成的小穗原基基部两侧，各分化出1个裂片突起，即颖片原基，将来发育为颖片。位于两裂片中间的组织，以后分化成小穗轴和小花	春第2叶展开，春第3叶露尖	此期历时很短，在山东省大约于3月下旬进入此期

（续）

幼穗分化时期	幼穗形态特征	植株形态特征	时间（山东省）
Ⅴ. 小花原基分化期	幼穗中部颖片原基突起后不久，在它的上方出现小花原基，小花原基先分化出小花的外稃原基，接着出现内稃原基。在同 1 个小穗内，小花原基的分化呈向顶式；在整个幼穗上，则从中部小穗开始，然后向上、向下分化各小穗。当穗分化进入小花原基分化期，生长锥顶部一组（一般为 3～4 个）苞叶原基和小穗原基转化形成顶端小穗，至此，穗分化的小穗数固定下来	春生第 3 叶伸长，植株基部节间开始明显伸长	大约于 4 月初进入此期
Ⅵ. 雌雄蕊原基分化期	小花原基在小穗上形成后由下而上逐个分化，当幼穗中部小穗出现 3～4 个小花原基时，其基部的小花原基生长点分化出 3 枚半球形的雄蕊原基突起，稍后在 3 个雄蕊原基间出现雌蕊原基，即进入雌雄蕊原基分化期	春生第 4 叶伸长，第 1 节间长为 3～4 cm，第一节离地面 1.5～2.0 cm，正值拔节期	大约于 4 月上中旬进入此期
Ⅶ. 药隔分化期	雄蕊原基的体积进一步增大，并沿中部自上而下出现微凹纵沟，形成 2 个小孢子囊，之后分化为 4 个小孢子囊。雌蕊原基顶端也凹陷，逐渐分化出 2 枚柱头原基，并继续生长成羽状柱头。有芒的品种芒沿外稃中脉伸长	春生第 5 叶伸长	大约于 4 月中旬进入此期
Ⅷ. 四分体形成期	形成药隔的花药进一步分化，在花粉囊内进一步发育成花粉母细胞，经减数分裂和有丝分裂形成四分体。同时，雌蕊体积增大，柱头明显伸长呈二歧状，在胚囊内形成胚囊母细胞	旗叶展开，其叶耳与下一叶的叶耳距 3～5 cm	大约于 4 月下旬进入此期

图 3-1　小麦幼穗各分化时期

0、Ⅰ～Ⅶ. 各分化期　(1)～(10) 1 个小穗的分化过程　(1) 小花原基分化期（Ⅴ期）　(2) 雌雄蕊原基分化期（Ⅵ期）　(3) 药隔分化期（Ⅶ期）　1. 生长点　2. 生长锥　3. 绿叶原基　4. 苞叶原基　5. 小穗原基　6. 颖片原基　7. 外稃原基　8. 芒原基　9. 内稃原基　10. 雄蕊原基　11. 二瓣雄蕊　12. 已分化出 4 个花粉囊的雄蕊　13. 已分化出柱头的雌蕊　14. 内稃　15. 外稃　(4)、(5) 药隔分化期（Ⅶ期）1 朵小花的鸟瞰图　(6) 药隔分化期（Ⅶ期）的雌雄蕊外观　(7)、(8) 四分体形成期（Ⅷ期）的雌雄蕊外观　(9) 发育成熟的雌雄蕊　(10) 花粉形成过程 [a. 花粉母细胞　b. 二分体　c. 四分体　d. 初生小孢子（单核小孢子）　e. 单核空泡期　f. 二核空泡期　g. 二核后期　h. 成熟花粉粒（三核期）]

（引自山东农学院，1980）

三、实验材料和用具

1. 实验材料　实验材料为幼穗分化至各时期的小麦植株、醋酸洋红等。

2. 实验用具　实验用具有镊子、解剖针、剪刀、刀片、直尺、显微镜、解剖镜、载玻片、盖玻片等。

四、实验方法和步骤

（一）取样

取已培养发育至各穗分化时期的代表性小麦植株各5～10株。

（二）记载小麦植株的外部形态

测量株高，计数主茎叶片数、分蘖数、次生根条数，记载生育时期。

（三）观察

小麦主茎幼穗分化开始较早，分蘖较迟，一般以主茎为观察对象。把选取的植株去掉叶片、次生根，然后由外向内将叶片和叶鞘逐层剥去，当露出发黄的心叶时，用解剖针从纵卷叶片的叶缘交接处，顺时针或逆时针方向从基部把叶片去掉，直至露出透明发亮的生长锥。在解剖镜下观察幼穗正面、侧面、基部、中部和上部，以获得全面的概念。最后以幼穗中部的形态特征为准确定穗分化时期。

观察雌雄蕊分化时，切下1个小穗观察比较清楚。观察四分体时，要选微黄绿色的花药，用镊子将花药放在载玻片上，盖上盖玻片，轻轻压出四分体，用醋酸洋红染色后在显微镜下观察。

五、作　　业

1. 绘出本次观察的单棱期、二棱期、小花原基分化期、雌雄蕊原基分化期的形态图，标明各部位名称。

2. 根据观察，说明穗分化时期与植株外部形态、生育时期的对应关系。

3. 继续在大田中取样，每隔3 d观察1次，填好表3-2，直至四分体形成期。

表3-2　小麦幼穗分化过程观察记载

品种或处理	日期（月/日）	株高（cm）	主茎叶片数	节间长度（cm）					幼穗长度（cm）	幼穗分化时期	生育时期
				1	2	3	4	5			

实验四　小麦测产和室内考种

一、实验目的

1. 了解小麦测产的一般方法，学会理论测产的方法。
2. 学会成熟期植株性状的调查方法。

二、实验内容说明

（一）小麦测产

小麦测产的方法主要有理论测产和实收测产。

1. 理论测产　小麦单位面积产量由单位面积穗数、穗粒数和千粒重3个产量构成因素构成。理论测产可在乳熟期至成熟期进行。小麦灌浆后期，前两个因子已经固定，可测得穗数和每穗粒数。千粒重可根据当年小麦后期生长情况与气候条件等，参考该品种历年千粒重情况推断；也可在蜡熟末期穗粒质量基本固定后，脱粒晒干称量测得千粒重。

2. 实收测产　实收测产在小麦成熟期进行。在大面积测产中，选择有代表性的田块，先测量该田块的面积，然后收获该田块的全部小麦后称量计产。

（二）小麦单株性状调查

小麦植株各部分的性状及所占比例，直接影响小麦单株生产力，进而影响群体生产力和产量。而植株各部位性状因品种、种植环境和栽培技术的不同而变化。调查单株性状是评定品种、分析环境和栽培技术合理性的重要方法。

1. 植株高度（简称株高）　测量从分蘖节至最高的穗（一般为主茎穗）穗顶（不带芒）的长度（cm），即为株高。

2. 节间长度　一般测量主茎各节间的长度，但也可以根据实验的需要测定有关分蘖各个节间的长度。自上而下逐个测量各节间的长度（cm）。

3. 茎粗　茎粗指茎秆地上部分第2节间的最大直径（mm）。

4. 穗长　自穗基部至穗顶（不包括芒）的长度（cm）为穗长。

5. 每穗总小穗数　每穗总小穗数即每个麦穗上所有小穗的数目。

6. 每穗不孕小穗数　每穗不孕小穗数指整个麦穗上各小花均不结实的小穗的数目，一般在穗的顶部和基部。

7. 每穗结实小穗数　每穗结实小穗数指每个麦穗上的结实小穗数，1 个小穗内有 1 粒种子，即为结实小穗。一般用每穗总小穗数与每穗不孕小穗数的差计算。

8. 每穗粒数　每穗粒数指每个麦穗上的结实粒数。

9. 穗粒质量　将考种的麦穗混合脱粒，风干后称量，除以总麦穗数，即为穗粒质量（g），也可用穗粒数乘以单粒质量计算。

10. 千粒重　千粒重是指 1 000 粒籽粒的质量。从考种的样本籽粒中，随机数 3 组各 1 000 粒分别称量（g），取其平均值为该样本千粒重。重复间误差不超过 3%，否则重做。

11. 谷秆比　籽粒干物质量与茎秆（除去籽粒的全部地上部分）的质量之比即为谷秆比。

12. 经济系数　籽粒质量占植株全部质量（不包括根）的比例（%）即为经济系数。

三、实验材料和用具

1. 实验材料　实验材料为不同品种或不同产量水平的麦田。

2. 实验用具　实验用具有钢卷尺、米尺、剪刀、电子天平、烘箱等。

四、实验方法和步骤

（一）理论测产

1. 掌握整个大田生长情况　测产前应调查全田麦株稀密和高矮、麦穗大小和成熟度等情况。如果各地段麦株生长差异大，特别是要对较大地块进行测产，须根据调查结果将全田划分为不同的产量等级，然后从每个等级中选定具有代表性的样点进行测产，再乘以该等级田块的面积，就可以估算出该等级田块的小麦产量。所有等级麦田的小麦产量相加，即为全田的小麦产量。

2. 选点取样　样点应具有代表性并尽量均匀分布，其数目要根据田块大小、地形及生长整齐度来确定。确定取样点常用的方法有五点取样法、八点取样法、随机取样法等。四周样点要距地边 1 m 以上，个别样点如缺乏代表性应做适当调整。样点面积一般以 2 m^2 为宜。

3. 调查穗数、穗粒数和千粒重

（1）调查穗数　数清每个样点内的有效穗数，计算出每公顷穗数。

（2）调查穗粒数　在每个样点内随机数 20 个麦穗，求出平均每穗粒数。

（3）调查千粒重　若在成熟期测产，可将麦穗脱粒，每次数 1 000 粒，3 次重复，烘干至恒重，然后称量，再按标准含水量（13.0%）折算成千粒重，重复之间误差不超过 3%，求出平均千粒重。也可采用该品种常年千粒重数据。

4. 理论产量计算　计算公式为

$$\text{理论产量}(\text{kg/hm}^2)=\frac{\text{每公顷穗数}\times\text{每穗粒数}\times\text{千粒重}(\text{g/千粒})\times 0.85}{1\,000(\text{g/kg})\times 1\,000(\text{粒/千粒})}$$

式中，0.85 是折算系数。

（二）实收测产

1. 测量面积　实收地块要集中连片，测量测产小区的宽度和长度，宽度从两端麦行的中间量起；测量长度两端要离地头 1m 以上，以减少边行优势的影响。丈量地块长宽，按长宽平均数计算面积。不去除田间灌溉沟面积，但去除灌溉主渠道、田间走道等面积。

2. 机械选用　选用脱粒质量好、落粒少、精度高的联合收割机收获。联合收割机的机械设计指标要求落粒在 1%以下，田间落粒不计入实收产量。

3. 计产

（1）称量　小麦装袋后及时称量，注意去除袋子质量。

（2）取样　随机取 40 kg 左右小麦装入袋中混匀。从混匀的袋中，依次取 5 kg 样本 5 份，去杂后称量，求杂质率（%）。

（3）测定水分　用谷物水分测定仪测定去杂后的样本籽粒的水分，每个样本测水分 1 次，单独记录，共测 5 次。

（4）计产　计算公式为

$$\text{实收产量}(\text{kg/hm}^2)=\frac{\text{每公顷籽粒鲜物质量}(\text{kg})\times[1-\text{杂质含量}(\%)]\times[1-\text{样本的水分}(\%)]}{1-13.0\%}$$

（三）单株性状调查

结合测产取样，每个样点选取有代表性的单茎 20 个，剪除根系，调查株高、节间长度和粗细、穗长、每穗总小穗数、每穗不孕小穗数、结实小穗数等单株性状。将植株分为籽粒和其他部分两部分，烘干至恒重，测定干物质量，计算谷秆比和经济系数。将所调查的小麦单株性状填入表 4-1。

表 4-1　小麦成熟期单株性状调查表

品种（处理）	株号	株高（cm）	节间长度（由上至下）（cm）						穗长（cm）	每穗总小穗数	每穗不孕小穗数	每穗结实小穗数	每穗粒数	芒的有无长短	穗粒质量（g）	千粒重（g）	谷秆比
			1	2	3	4	5	6									
	1																
	2																
	⋮																

五、作　　业

1. 说明不同品种或不同产量水平麦田小麦成熟期植株性状的差异。

2. 根据测产和经济性状调查结果，说明不同品种或不同产量水平麦田产量构成因素的主要差异。要提高小麦产量，应采取哪些栽培管理措施?

实验五　玉米形态特征观察与类型识别

一、实验目的

1. 观察玉米植株的形态特征，了解玉米不同器官的功能。

2. 掌握 9 大类型玉米的果穗和籽粒特征。

二、实验内容说明

（一）玉米植株形态

玉米的器官有根、茎、叶、雄穗、雌穗等，各器官特征如下。

1. 根的形态特征　玉米根系为须根系，由胚根和节根组成。生长在地下茎节上的节根又称为次生根，生长在地上茎节上的节根又称为气生根。

（1）胚根　胚根又称为初生根、种子根。种子萌发时初生胚根先露出，1～3 d 后，在盾片节的上面，中胚轴的基部又长出 3～7 条次生胚根。次生胚根是从种子内长出的，因而与初生胚根统称为初生根（或种子根）。

（2）次生根　在玉米的 3 叶期至拔节期，从密集的地下茎节上由下而上轮生而出的根系，称为次生根。次生根一般 4～7 层，它是玉米最重要的吸收器官。

（3）气生根　玉米拔节后在地上部 1～3 个茎节上长出的节根称为气生根，又称支持根。气生根较粗壮，入土后形成许多分支，有吸收养分、支持植株、防止倒伏的作用。气生根可进行光合作用，合成氨基酸，供地上部生长需要。

2. 茎的形态特征　玉米的茎直立、圆柱形、较粗大，有明显的节和节间。玉米植株的茎粗自下而上逐渐变细，节间长度逐渐增长，至穗位附近为最长，然后又有递减的趋势。玉米的茎既是支持和运输器官，又是储存养分的器官。在玉米生长的后期，茎中储存的部分养分转运到籽粒中去。

3. 叶的形态特征　玉米的叶着生在茎的节上，呈不规则的互生排列，叶片数与茎节数一致。全叶由叶鞘、叶片和叶舌 3 部分组成。叶鞘紧包着节间，可保护茎秆，增强抗倒伏能力。叶片基部与叶鞘交界处有环状而加厚的叶舌。叶片是光合作用的重要器官，着生于叶鞘顶部。叶片中央纵贯 1 条主脉，主脉两侧平行分布着许多侧脉。叶片边缘呈波状皱褶，有防止风害折断叶片的作用。

4. 雄穗的形态特征　玉米雄穗位于茎顶端，属圆锥花序。雄穗由主轴、分枝、小穗和小花组成。分枝数目因品种而不同，一般 15～25 个，多者可达 40 个以上。在雄穗花序的主轴和分枝上成行地着生许多成对的小穗，成对的小穗中 1 个为有柄小穗，1 个为无柄小穗。每个小穗的两片颖片中包被着 2 朵雄花。每朵雄花由内稃、外稃、浆片、花丝和花药组成。一般 1 个雄穗花序能产生 1 500 万～3 000 万个花粉粒。

5. 雌穗的形态特征　玉米雌穗属肉穗花序，受精结实发育成果穗。玉米茎秆除上部 4～6 节外，下部每个节的叶腋处都有 1 个腋芽，即雌穗原始体，但通常只有中上部 1～2 个腋芽能正常发育成果穗。果穗为变态的侧茎。果穗柄为缩短的茎秆，叶片退化，叶鞘即苞叶。苞叶数一般与穗柄节数相等，一般为 6～10 片。果穗中心有轴（穗轴），充满髓质。每个果穗一般有 12～18 行成对纵向排列的小穗。每个小穗外有颖片 2 片，有 2 朵小花，其中 1 朵为退化花，不能结实，另 1 朵为正常花，能结实。玉米果穗籽粒行数为偶数。花柱即花丝，呈丝状，顶端分叉，称为柱头，其上布满茸毛，成熟时伸出苞叶。花柱各部分都有受精能力，受精后花丝变紫褐色，随即枯萎。

玉米籽粒由果皮、种皮、胚和胚乳组成。玉米胚较大，一般占籽粒质量的 10%～15%。胚乳是储藏有机营养的地方，占种子质量的 80%～85%。玉米籽粒在谷类作物中最大，千粒重一般为 200～400 g，最小约 50 g，最大约 500 g。出籽率（穗粒质量占果穗质量的比例）一般为 75%～85%。

（二）按果穗和籽粒形态及结构分类的玉米类型

1. 硬粒型　硬粒型玉米（*Zea mays* L. *indurata* Sturt）果穗多为圆锥形。籽粒饱满、坚硬、平滑，透明而有光泽。籽粒顶部和四周的胚乳均为角质淀粉，仅中部有少量粉质淀粉。籽粒颜色有黄色、白色、紫红色等，其中以黄色最多。穗轴多为白色。该类型品种具有结实性好、较早熟、品质优良、适应性强的特点。

2. 马齿型　马齿型玉米（*Zea mays* L. *indentata* Sturt）果穗多为圆柱形。籽粒大，呈马齿状。籽粒胚乳两侧为角质淀粉，顶部及中部均为粉质淀粉。成熟时，顶部的粉质淀粉干燥得快，因此籽粒顶端凹陷，形成马齿状。一般粉质淀粉越多，凹陷越深。籽粒颜色多为黄色和白色，不透明，品质较差。马齿型玉米植株较高，增产潜力大，对水肥条件要求较高。

3. 半马齿型　半马齿型（*Zea mays* L. *semindentata* Kulesh）又称为中间

型，是马齿型和硬粒型的杂交类型。植株高度、果穗形状和大小、籽粒胚乳的性质均介于硬粒型和马齿型之间。籽粒有黄色和白色两种。半马齿型比马齿型品质好，主要特征是顶部凹陷比马齿型浅。该类型是我国普遍采用的栽培类型，产量也较高。目前生产上推广的杂交种多属于半马齿型。

4. 糯质型 糯质型玉米（*Zea mays* L. *sinesis* Kulesh）又称为蜡质型玉米，俗称黏玉米。植株、果穗和籽粒较小。籽粒中胚乳全部为支链淀粉组成，因此有黏性。籽粒表面无光泽，呈蜡状，不透明，水解后形成胶状的糊精。糯质型玉米原产于我国，是在广西、云南等地形成的一个新类型。

5. 爆裂型 爆裂型玉米（*Zea mays* L. *everta* Sturt）又名麦玉米。植株矮小，果穗和籽粒均小。胚乳几乎全部为角质淀粉，仅中部有少许粉质淀粉。籽粒硬而透明，品质良好，遇高温时有较大的爆裂性能。爆裂型玉米依籽粒的形状可分为两大类，一类为米粒形，籽粒较尖，很像稻米粒；另一类为珍珠形，籽粒较圆。籽粒颜色有黄色、白色和紫红色。

6. 粉质型 粉质型（*Zea mays* L. *amylacea* Sturt）又名软质型。果穗和籽粒外形与硬粒型相似，但无光泽。籽粒胚乳完全由粉质淀粉组成，因此籽粒呈乳白色。胚乳组织松软，容重低，是制作淀粉及用于酿造的优良原料。

7. 甜质型 甜质型玉米（*Zea mays* L. *saccharata* Sturt）也称为甜玉米。植株较小，分蘖力强，果穗小。籽粒几乎全部为角质胚乳，内含较多的可溶性糖分，脂肪、淀粉、蛋白质含量较低。籽粒在成熟时因脱水使表面皱缩，坚硬，半透明。甜质型玉米胚大，含糖量高，乳熟期籽粒含糖量达15%～18%，宜煮食和制作罐头。

8. 甜粉型 甜粉型玉米（*Zea mays* L. *amylacea-saccharata* Sturt）籽粒上半部有与甜质型相同的角质淀粉，下半部具有与粉质型相同的粉质淀粉，在我国栽培较少。

9. 有稃型 有稃型（*Zea mays* L. *tunicata* Sturt）是较为原始的类型。果穗上每个籽粒外面均由1个长大的稃壳包住，稃壳顶端有时有长芒状物。籽粒坚硬，外层多为角质淀粉，极难脱粒，无栽培价值。

三、实验材料和用具

1. 实验材料 实验材料为幼苗期玉米植株（用于观察玉米初生根）、成熟期玉米植株（用于观察玉米各器官）；9大类型玉米植株和干制果穗及籽粒标本。

2. 实验用具 实验用具有钢卷尺、烧杯、放大镜、剪刀、单面刀片、镊子、铁锹、小铲、电子天平等。

四、实验方法和步骤

（一）植株观察

1. 幼苗观察　挖取玉米幼苗，观察玉米幼苗的初生根、次生根、地中茎和叶片。

2. 成熟植株观察　挖取玉米成熟期植株，按根、茎、叶、雄穗、雌穗、籽粒的顺序，仔细观察各器官的形态特征。

（二）果穗观察

收取玉米 9 大类型的成熟果穗（或选用干制果穗标本），分组观察玉米各种类型果穗和籽粒的特征。测定果穗的长度，并将果穗脱粒，测定果穗千粒重。将籽粒纵面剖开，观察剖面结构中角质淀粉与粉质淀粉的分布情况。

五、作　　业

1. 列表描述玉米根、茎、叶、雄穗和雌穗的形态特征。
2. 比较玉米 9 大类型果穗及籽粒特征，填入表 5-1。

表 5-1　9 大类型果穗及籽粒特征比较

果穗编号	1	2	3	4	5	6	7	8	9
属何类型									
果穗特征（包括穗长）									
籽粒特征（包括千粒重）									

实验六　玉米穗分化过程观察

一、实验目的

1. 掌握玉米穗分化过程，了解各时期的形态特征。

2. 了解玉米雌穗和雄穗分化的对应关系，掌握穗分化时期与叶片生长及植株外部形态的关系。

3. 学习玉米穗分化的研究方法。

二、实验内容说明

（一）玉米穗分化过程

1. 玉米穗分化时期划分及其形态特征　根据雄穗和雌穗分化过程中的形态发育特点，一般将玉米穗分化过程分为生长锥未伸长期、生长锥伸长期、小穗分化期、小花分化期和性器官形成期 5 个时期。各时期的形态特征见图 6-1 和图 6-2，具体描述见表 6-1。

表 6-1　玉米雄穗和雌穗分化各时期的形态特征

穗分化时期	雄　穗	雌　穗
生长锥未伸长期	生长锥为光滑透明的圆锥体，宽度大于长度。基部有叶原始体。此期分化茎的节、节间和叶原始体	生长锥为光滑透明的圆锥体，宽度大于长度。此期分化苞叶原始体和果穗柄
生长锥伸长期	生长锥微微伸长，长大于宽。基部出现叶突起	生长锥伸长，长大于宽。基部出现分节和叶突起，叶腋处将来产生小穗原基，叶突起退化消失
小穗分化期	生长锥基部出现分枝突起，中部出现小穗原基，每个小穗原基又迅速分裂为成对的 2 个小穗突起。小穗基部可看到颖片突起	生长锥基部出现小穗原基，每个小穗原基又迅速分裂为 2 个小穗突起。小穗基部可看到颖片突起

（续）

穗分化时期	雄　穗	雌　穗
小花分化期	第1小穗分化出2个大小不等的小花原基。小花原基基部出现3个雄蕊原始体，中央形成1个雌蕊原始体，同时也形成外稃、内稃和2个浆片。以后雌蕊原始体退化消失	第1小穗分化出2个大小不等的小花原基。基部出现3个雄蕊原基和1个雌蕊原基。雄蕊原基以后退化消失。下位花也退化
性器官形成期	雄蕊原始体迅速生长。雄穗主轴中上部小穗颖片长度达0.8 cm左右，花粉母细胞进入"四分体"期。雌蕊原始体退化	雌蕊的花丝逐渐伸长，顶端出现分裂，花丝上出现绒毛，子房体积增大

2. 玉米穗分化过程及观察标准 玉米为雌雄同株异花授粉作物。雄穗位于茎的顶端。幼小雄穗为心叶所包藏，雌穗位于叶腋之中。玉米全株除上部4～6节外，每节都生有1个腋芽。通常地下节的腋芽不发育或形成分蘖，近地表节上腋芽形成混合花序，位置稍高的腋芽多分化至小穗分化期前后停止发育，再往上部的腋芽，虽可分化到较晚的时期，但多不能受精结实。因此一般只有最上部1～2个腋芽发育成果穗。故在观察时，雌穗以最上部节位腋芽分化为准。

大田玉米群体，由于个体间差异，其分化时期以达50%以上株率为准。对于1个观察穗来说，以穗的中下部开始进入某分化时期为准。当雄穗进入四分体期以后，又以主轴中上部进入某个分化时期为准。

品种类型（早熟、中熟、晚熟）或播种期（春播、夏播）不同，玉米穗分化的开始日期也不一致。春播玉米一般于出苗后18～20 d开始观察，夏播玉米在出苗后15～18 d开始观察，雄穗和雌穗分别于抽雄期和吐丝期结束。一般每3 d观察1次。

（二）雌穗与雄穗分化时期的相关性

玉米雌穗与雄穗的分化有一定的相关性。大致关系是：雄穗进入生长锥伸长期时，茎节上的腋芽尚未分化。当雄穗进入小穗分化期时，雌穗处于生长锥未伸长期。雄穗进入小花开始分化期时，雌穗进入生长锥伸长期。雄穗进入雄蕊生长雌蕊退化期时，雌穗进入小穗原基（裂片）或小穗形成期。雄穗进入四分体期时，雌穗进入小花分化始期。雄穗进入花粉粒形成期（外壳形成，萌发孔可见）时，雌穗处于雌雄蕊突起形成或雌蕊生长雄蕊退化期。雄穗进入花粉

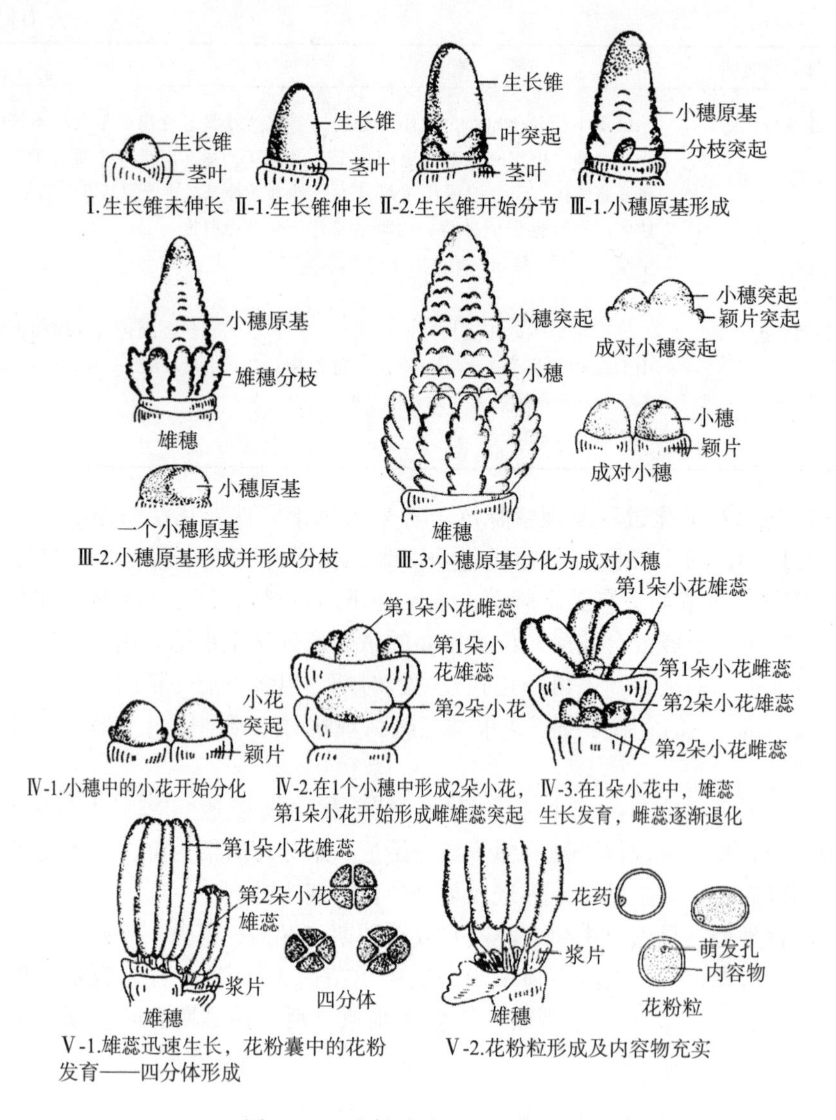

图 6-1　玉米雄穗分化的主要时期

Ⅰ. 生长锥未伸长期　Ⅱ. 生长锥伸长期　Ⅲ. 小穗分化期　Ⅳ. 小花分化期　Ⅴ. 性器官形成期

（引自山东农学院，1980）

粒成熟期（内容物充实后期）时，雌穗进入性器官形成初期（花丝开始伸长期）。雄穗进入抽雄期时，雌穗处于果穗增长期（花丝伸长期）。雄穗进入开花期时，雌穗进入吐丝期。

了解雌穗与雄穗分化时期的相关性，就可以依据某品种雄穗或雌穗

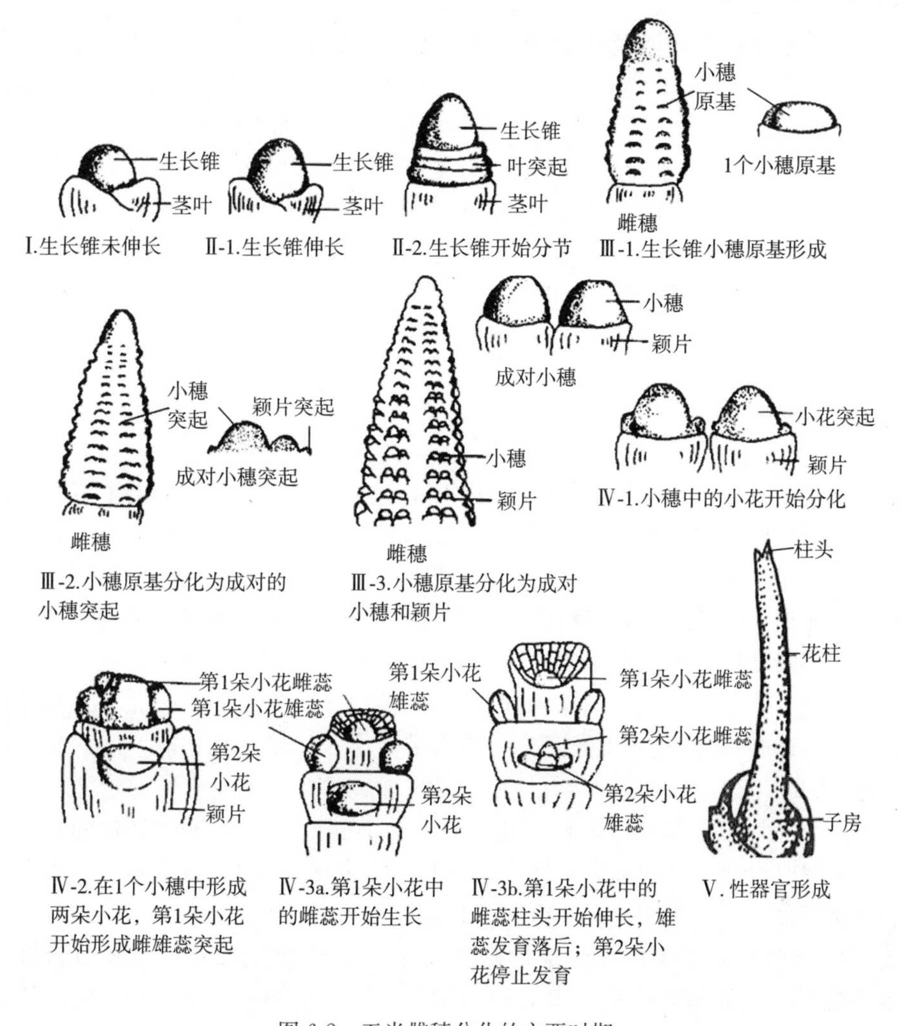

图 6-2　玉米雌穗分化的主要时期

Ⅰ. 生长锥未伸长期　Ⅱ. 生长锥伸长期　Ⅲ. 小穗分化期　Ⅳ. 小花分化期　Ⅴ. 性器官形成期

（引自山东农学院，1980）

的分化时期，估计雌穗或雄穗的分化时期，以便采取相应的农业技术措施。

（三）穗分化时期与叶龄指数及植株外部形态的关系

玉米穗分化进程与丰产栽培关系密切。除借助解剖观察外，生产上可以采用叶龄指数及植株外部形态观察的方法，判断幼穗分化所处的时期，作为采取农业技术措施的依据。

1. 穗分化时期与叶龄指数的关系 叶龄就是主茎上出现的叶片数目。一般以长出的第1片真叶为第1叶。观察记载时，当第1叶完全展开时（叶鞘伸出）记作“1”，当第2片叶完全展开时记作“2”，以此类推，即为1叶龄、2叶龄等。长出第1叶的整个时期为1叶期，长出第2叶的即为2叶期。为详细记载叶龄数，可将展开叶上面紧邻的未展开叶的展开部分占全叶展开长度的比例进行计算，一同计入。在测定中，当还不知道全叶的实际长度时，可用伸出叶的实际长度占已经完全展开的前一叶长度的比例（%）表示。

叶龄指数，就是用品种的总叶片数除某时期的叶龄乘以100%而得的数值，计算公式为

$$\text{叶龄指数}=\frac{\text{主茎叶龄（展开叶数）}}{\text{主茎总叶片数}}\times 100\%$$

研究表明，玉米主茎总叶片数相同时，进入相同穗分化时期的主茎叶龄也相近。但如果主茎总叶片数相差很大，比如早熟品种、中熟品种、晚熟品种，处于同一穗分化时期的主茎叶龄也相差很多，这时用主茎叶龄数判断穗分化时期就不准确。而大量研究资料表明，应用叶龄指数来判断玉米穗分化时期较为准确，不同品种、不同栽培条件下处于同一个穗分化时期的玉米，具有近似的叶龄指数（表6-2）。例如当玉米进入雄穗生长锥伸长期时，其叶龄指数均接近29.1%±1.9%；当进入雄穗四分体期和雌穗小花开始分化期时，叶龄指数均接近61.9%±1.7%。

采用叶龄指数判断玉米穗分化时期和生育进程，必须了解品种的总叶片数，掌握完全展开叶的标准和确定完全展开叶的叶序。确定完全展开叶的叶序的方法很多，一般可用挂牌、涂油漆标记等方法。

2. 穗分化时期与植株外部形态的关系 玉米穗分化时期与其植株外部形态也有一定的对应关系（表6-2）。例如当进入雄穗生长锥伸长期时，正值拔节期；当进入雄穗四分体期和雌穗小花开始分化期时，正值玉米大喇叭口期。

三、实验材料和用具

1. 实验材料 实验材料为早熟、中熟、晚熟类型的品种各1～2个，分期播种的玉米穗期植株；醋酸洋红、吸水纸等。

2. 实验用具 实验用具有玉米穗分化多媒体演示课件（或构造挂图）、显微镜、解剖镜、瓷盆、镊子、解剖针、单面刀片等。

表 6-2　玉米穗分化时期与叶龄指数的关系及对应的植株外部形态特征

（引自山东农学院，1980，经整理）

穗分化时期				叶龄指数			植株外部形态特征
雄穗		雌穗		平均值（%）	标准差（%）	变异系数（%）	
穗分化时期	穗分化的子时期	穗分化时期	穗分化的子时期				
生长锥伸长期	伸长期			29.1	1.9	6.4	开始拔节，节间总长 2～3 cm
小穗分化期	小穗原基分化			36.7	2.1	5.8	茎节伸长
	小穗分化			41.8	1.1	2.6	
小花分化期	小花分化始期	生长锥伸长期	伸长期	46.4	1.4	3.0	展开叶 7～10 片
	雄长雌退期	小穗分化期	小穗分化	53.3	2.4	4.5	
性器官形成期	四分体形成	小花分化期	小花分化始期	61.9	1.7	2.8	植株心叶丛生，上平中空，正值大喇叭口期
	花粉粒形成		雌雄蕊分化或雌长雄退	67.1	0.1	0.2	
	花粉粒成熟	性器官形成期	花丝开始伸长	76.8	5.2	6.8	正值孕穗期
抽雄期	抽雄		果穗增长	87.7	3.6	4.1	雄穗抽出
开花期	开花	吐丝期	吐丝	100	0	0	吐丝

注：叶龄指数平均值为山东农学院 3 年 21 个品种次、山东北镇农业学校 5 个品种、山东昌潍农业专科学校 1 个品种、河南农学院 3 个品种观测的平均值。

四、实验方法和步骤

（一）分组

实验教学中，每个教学班可根据品种类型或需要观察的关键分化时期，分为 3 个或更多的组。每个组观察 1 个品种类型的 1 个或多个分化时期。观察结束后，安排时间进行交流。

（二）植株取样

根据本组所要观察的品种类型和分化时期，对照其对应的外部特征仔细观察取样，保证所取样本符合实验要求。一般每次取典型植株 3～5 株。

（三）植株外部性状的观察

对所取样本进行观察测量，按表 6-3 的项目，记载株高、可见叶数、展开叶数等。

表 6-3　玉米穗分化观察记录

品种特征			植株生长及形态特征						穗分化时期	
名称	熟型	总叶数	播种期	株高（cm）	可见叶数	展开叶数	叶龄指数	外部形态	雌穗	雄穗

（四）穗分化时期的观察

在观察记载外部形态后，逐叶剥去其叶片和叶鞘，其顶端为雄穗。在各茎节上有苞叶包被的腋芽，用刀片贴近茎部把腋芽取下，在解剖镜下剥去苞叶，即可观察到雌穗。

若观察玉米雄穗四分体，取处于大喇叭口期的植株，从剥取的雄穗分枝小穗中，用镊子或解剖针挑破小花，取长度约 3 mm 的淡黄色的花药，置载玻片上，滴少许水，用镊子将其捣碎，使内容物在水中散开，再滴一滴醋酸洋红，在低倍显微镜下观察。多观察一些花药，可找到四分体。

五、作　　业

1. 记载所观察玉米植株的形态特征和穗分化所处的时期，完成表 6-3。

2. 对所观察玉米植株穗分化时期及其与叶片和外部形态特征的关系进行描述，分析印证雄穗和雌穗生长发育的内在关系及其与外部器官相互关系的规律性。

3. 从玉米穗分化过程看，哪些时期是增粒的关键时期？思考如何运用玉米穗分化与叶龄指数和外部形态特征的关系，增强田间管理的预见性，实现合理肥水管理。

实验七　玉米各生育时期田间诊断

一、实验目的

1. 熟悉玉米的生育过程，掌握玉米叶龄、叶面积和叶面积指数等的观察标准和测定方法。

2. 了解玉米拔节、孕穗阶段的生育特点，掌握田间诊断的一般方法。

3. 根据生育特点及田间诊断结果提出相应的管理措施。

二、实验内容说明

（一）玉米的生育时期

在玉米的整个生长发育过程中，自身量变和质变的结果及环境条件的影响，使其外部的形态和内部结构随着生育进程发生阶段性变化，这种生长发育中的变化形成了玉米的生育时期。

一般试验田或大田，以进入某生育时期的植株占全田植株50%以上，作为全田进入各生育时期的标志。各生育时期的观察记载标准如下。

1. 出苗期　播种后种子发芽出土，苗高约2 cm。

2. 3叶期　植株第3片叶露出叶心2～3 cm。

3. 拔节期　植株雄穗分化至伸长期，靠近地面可用手摸到茎节，茎节总长度达2～3 cm，叶龄指数为30%左右。

4. 抽雄期　植株雄穗尖端露出顶叶3～5 cm。

5. 开花期　雄穗开始散粉。

6. 抽丝期　雌穗的花丝从苞叶中抽出2 cm左右。

7. 完熟期　籽粒干硬，呈现该品种籽粒固有的色泽，籽粒基部出现黑色层，乳线消失。

（二）玉米拔节孕穗期的生育特点及诊断标准

玉米拔节前是以根系生长为主的苗期阶段。从拔节至抽雄这段时间称为穗期阶段，也称为拔节孕穗期，夏播玉米为28 d左右，春播玉米为30～35 d。

其生育特点是茎节伸长，叶片增多、增大，营养生长旺盛。同时雄穗和雌穗进行分化，性器官形成。穗期阶段是营养生长与生殖生长同时并进阶段，也是田间管理最关键的时期。

穗期阶段中的拔节期、大喇叭口期与生产关系尤为密切。田间诊断的教学可根据实际情况选择1个时期（最好是大喇叭口期）或2个时期（拔节期和大喇叭口期）进行，为合理运用肥水提供依据，以达到穗多穗大的目的。3个生育时期的标准如下。

1. 拔节期 叶龄指数为30%左右。雄穗生长锥开始伸长，靠近地面处用手可摸到茎节，茎节总长度（自第1层节根至茎顶生长锥基部）为2～3 cm。此期施用适当的肥水，可起到促叶壮秆的作用。若肥水不足，则株高较低，茎秆细弱，叶色较淡，生长不良。如果肥水过多，就会造成茎叶徒长，株高和穗位较高，遇风容易倒伏减产。

2. 小喇叭口期 叶龄指数为46%左右。雌穗生长锥开始伸长，雄穗小花开始分化。此期营养生长和生殖生长需要养分多，互相争夺养分矛盾尖锐，是争取大穗，施攻穗肥的始期。

3. 大喇叭口期 叶龄指数为60%左右。棒三叶开始甩出而未展开，心叶丛生，上平中空，状如喇叭，雌穗进入小花分化期。最上部展开叶与未展开叶之间，在叶鞘部位能摸出发软而有弹性的雄穗。雄穗主轴中上部的小穗长为0.8 cm左右，花粉囊中的花粉母细胞进入四分体期。此期是促穗大粒多，施攻穗肥的关键时期。追施穗肥不仅能促进小花分化数增多，增加穗粒数，而且可以促使穗叶组叶片的面积增大，叶片增厚，叶色加深，提高光合能力，有利于形成有效穗，达到穗多、穗大、粒多、粒重的丰产目的。在抽雄前夕保证水分供应，可防止玉米“卡脖子旱”，有利于顺利开花散粉。

（三）植株样本调查标准

在不同生育阶段选取代表性植株进行调查时的标准如下。

1. 株高 抽雄前，自地面至最高叶尖的高度（cm）。抽雄后，自地面至雄穗顶端的高度（cm）。抽雄前在田间测定自然株高时，则自地面至植株自然高度的最高处（cm）。

2. 茎高 自第1层节根至茎顶生长锥基部以下的茎秆高度（cm）。

3. 节根层数 自茎秆基部第1层节根至最上面1层节根的总层数。

4. 节根条数 全部节根总条数。

5. 可见叶数 叶尖露出叶心达2 cm以上的叶片总数。

6. 展开叶数 充分展开的叶片数（整数）。加上展开叶上面第一个未展开叶的展开部分（小数）。

7. 总叶片数　主茎叶片的总数（包括未抽出的叶片数，可剥开植株计算）。

8. 叶龄指数　叶龄指数的计算公式为

$$叶龄指数=\frac{主茎叶数（展开叶数）}{主茎总叶片数}\times 100\%$$

9. 单株绿叶面积　单株各绿色叶片面积的总和（cm^2）。其中每个叶片面积的计算公式为

$$单片叶片面积=叶片中脉长（cm）\times 最大宽度（cm）\times 0.7$$

10. 叶面积指数　叶面积指数的计算公式为

$$叶面积指数=\frac{每公顷绿叶面积（m^2）}{10\ 000（m^2）}$$

11. 穗分化进程　观察方法参照本书实验六“玉米穗分化过程观察”。

三、实验材料和用具

1. 实验材料　实验材料为田间设置的不同处理（例如不同品种或不同密度等）的玉米田块。

2. 实验用具　实验用具有瓷盘、剪刀、米尺、皮尺、镊子、刀片、显微镜、放大镜等。

四、实验方法和步骤

（一）玉米生育时期的观察

玉米生育时期观察持续时间较长，可利用课余时间进行。

（二）田间诊断

按选定地块，由教师带领，进行现场观察。全面了解各地块的长势长相和出现的各种情况，做到心中有数。

取有代表性的植株样本，带回室内按植株样本调查标准进行观察和测定。

表 7-1　玉米生育时期观察记载

品种或处理	生育时期							
	播种期	出苗期	拔节期	抽雄期	开花期	抽丝期	完熟期	全生育期（d）

表 7-2　玉米田间诊断调查

班级：　　　　　调查人：　　　　　　　　　　　　　　　　年　　月　　日

<table>
<tr><td rowspan="6">田间基本情况调查</td><td>生产单位</td><td colspan="3"></td></tr>
<tr><td>田块类别</td><td></td><td>面积（hm^2）</td><td></td></tr>
<tr><td>品　种</td><td></td><td>播种期（月/日）</td><td></td></tr>
<tr><td>前　茬</td><td></td><td>密度（株/hm^2）</td><td></td></tr>
<tr><td>苗期管理</td><td colspan="3"></td></tr>
<tr><td>目前生长状况及存在问题</td><td colspan="3"></td></tr>
<tr><td rowspan="8">室内调查</td><td rowspan="2">株高（cm）</td><td></td><td>总叶片数</td><td></td></tr>
<tr><td></td><td>叶龄指数（%）</td><td></td></tr>
<tr><td>茎高（cm）</td><td></td><td>单株绿叶面积（m^2）</td><td></td></tr>
<tr><td>节根层数</td><td></td><td>叶面积指数</td><td></td></tr>
<tr><td>节根条数</td><td></td><td>雄穗分化时期</td><td></td></tr>
<tr><td>可见叶数</td><td></td><td>雌穗分化时期</td><td></td></tr>
<tr><td>展开叶数</td><td></td><td>生育时期判别</td><td></td></tr>
<tr><td>情况分析及下步管理意见</td><td colspan="4"></td></tr>
</table>

五、作　　业

1. 将观察结果填入表 7-1 和表 7-2。

2. 玉米穗期阶段的生育特点是什么？

3. 对所观察玉米田块的肥水管理情况进行评价，提出下一步田间管理的合理化建议。

实验八　玉米成熟期测产与考种

一、实验目的

1. 掌握玉米的测产原理。
2. 学习玉米成熟期田间调查、测产和考种的方法。

二、实验内容说明

（一）玉米的测产原理

测产又称估产，分预测法（抽样测产）和实测法（测定样点上的实际产量）2种。

玉米抽样测产在蜡熟期（抽雄开花后36～49 d）进行，实收测产在成熟期进行。蜡熟期的标准为：籽粒含水量下降至50%～40%，籽粒内的胚乳因失水而由糊状变为蜡状。成熟期的标准为：基部叶片枯黄，苞叶变白，疏松；籽粒乳线消失、变硬，呈现该品种固有的光泽，剥去尖冠后可见黑色层。

（二）玉米成熟期经济性状调查项目记载标准

从大田选取的具有代表性的样点内，连续选取10～20株植株，进行下述性状的调查。

1. 株高　自地面至雄穗顶端的高度（cm）为株高。

2. 双穗率　双穗率是指每株双穗（指结实10粒以上的果穗）的植株占全部样本植株的比例（%）。

3. 空株率　空株率是指不结实果穗或有穗结实不足10粒的植株占全部样本植株的比例（%）。

4. 单株绿色叶面积　单株绿色叶面积是指全株各绿色叶片面积的总和（cm^2）。

单叶面积＝中脉长（cm）×最大宽度（cm）×0.7

5. 穗位高度　自地面至最上果穗着生节的高度（cm）为穗位高度。

6. 茎粗　植株地上部第3节间中部扁平面的粗度（cm）为茎粗。

7. 果穗长度 穗基部（不包括穗柄）至顶端的长度（cm）为果穗长度。

8. 果穗粗度 距离果穗基部为穗长 1/3 处的直径（cm）为果穗粗度。

9. 秃顶率 秃顶长度占果穗长度的比例（%）为秃顶率。

10. 粒行数 果穗中部籽粒行数为粒行数。

11. 穗粒数 1 个果穗籽粒的总数为穗粒数。

12. 果穗质量 风干果穗的质量（g）为果穗质量。

13. 穗粒质量 果穗上全部籽粒的风干质量（g）为穗粒质量。

14. 籽粒出产率 籽粒出产率的计算公式为

$$籽粒出产率=\frac{穗粒质量}{果穗质量}\times 100\%$$

15. 百粒重 百粒重即 100 粒种子的质量。自脱粒风干的种子中随机取出 100 粒称量（g），精确到 0.1 g，重复 2 次。如 2 次的差值超过 2 次的平均质量的 5%，需再做 1 次，取 2 次质量相近的值加以平均。在样品量大的情况下，应做千粒重的测定。千粒重的测定方法同实验四中小麦千粒重的测定。

三、实验材料和用具

1. 实验材料 实验材料为大田不同产量水平下的植株及不同栽培措施处理下的植株。

2. 实验用具 实验用具有钢卷尺、皮卷尺、卡尺、感量 0.1 g 天平、瓷盘、剪刀等。

四、实验方法和步骤

（一）预测法

1. 选点取样 玉米田间选点和取样的代表性与测产结果的准确性密切相关。测产前应对不同栽培条件下的玉米田块进行目测，按照高产量水平、中产量水平、低产量水平分类布点。一般每公顷设测产点 10～15 个，高产量水平、中产量水平、低产量水平测产点的比例为 3：5：2。实测时每个测产点面积不低于 66.67 m^2。

为了取得最大代表性的样本，要在全田均衡布点。每个地块按对角线选取 5 个点，其中 1 个在地的中央，其余各点均匀地分布在对角线上。然后从各点选取种植密度和生育状况一致的有代表性的植株，注意四周不应有缺株或特别矮小的植株。每个样点选取代表性植株 30～50 株。

2. 测定每公顷株数 预测时每块田测 10～20 行的行距，求出平均行距。间隔选出 4～5 行，每行测定 40～50 株的株距，求出平均株距。根据行距和株距求出每公顷株数。

$$实际株数（株/hm^2）=\frac{10\ 000\ m^2}{平均行距（m）\times 平均株距（m）}$$

3. 调查经济性状 在各点选取代表性植株 10 株，按照成熟期经济性状调查项目记载标准，对经济性状进行调查。

4. 测定结实率和穗粒质量 在测定株距的地段上，计算株距的同时还要计算总穗数，得出单株结穗率（穗数/株数）。并在选定样本的植株上，剥去苞叶，数穗行数和行粒数，计算穗粒数。然后根据该品种常年的千粒重，计算穗粒质量。

$$穗粒质量（g）=\frac{穗行数\times 行粒数\times 千粒重（g）}{1\ 000}$$

5. 计算产量 其计算公式为

$$预测产量（kg/hm^2）=\frac{实际株数（株/hm^2）\times 单株结穗率\times 穗粒质量（g）\times 0.85}{1\ 000}$$

（二）实测法

实测时首先准确测量收获样点实际面积，并将每个样点收获全部果穗。计数果穗数目，称取所有果穗鲜物质量，并计算果穗平均鲜物质量。

按果穗平均质量法选取 20 个果穗作为标准样本，脱粒并称籽粒质量，计算鲜穗出籽率。

$$鲜穗出籽率=\frac{20\ 个果穗籽粒鲜物质量（g）}{20\ 个果穗质量（g）}\times 100\%$$

将脱下的籽粒用国家认定并经校正后的种子水分测定仪测定籽粒含水率，每点重复测定 10 次，求平均值。样品留存备查，或等自然风干后再校正。

$$实测产量（kg/hm^2）=\frac{穗鲜物质量（kg/hm^2）\times 鲜穗出籽率\times（1-鲜籽粒含水量）}{1-14\%}$$

五、作　　业

1. 将测产结果和经济性状调查结果填入表 8-1 和表 8-2。

2. 根据田间调查及测产和经济性状调查的结果，分析该田块玉米的产量构成因素的特点，提高产量要采取哪些栽培措施以促进产量构成因素的协调发展。

表 8-1 玉米田间测产统计

处理及单位：　　品种：　　日期：　　调查人：

样点	行距（cm）	株距（cm）	每公顷株数	空秆率（%）	双穗率（%）	每公顷穗数	穗粒数	千粒重（g）	产量（kg/hm²）
合计									
平均									

表 8-2 玉米单株经济性状调查

处理及单位：　　品种：　　日期：　　调查人：

株号	株高（cm）	穗位高度（cm）	穗数（个）	果穗长度（cm）	秃顶长（cm）	秃顶率（%）	穗行数	行粒数	穗粒数	果穗质量（g）	穗粒质量（g）	籽粒出产率（%）
平均												

实验九　水稻育秧技术和秧苗素质调查

一、实验目的

1. 熟悉水稻育秧方式，掌握水稻育秧技术要领。
2. 了解水稻秧苗生长习性。
3. 学习秧苗素质的调查内容和方法，掌握水稻壮秧的标准。

二、实验内容说明

北方水稻生产上有湿润育秧、旱育秧和机插秧育秧 3 种主要方式。

（一）水稻湿润育秧技术

1. 种子准备

（1）晒种　晒种能提高发芽能力，还有杀菌作用。将种子薄摊 5～6 cm 厚，在阳光下晒 1～2 d，并过筛去杂物。

（2）选种　为了淘汰秕谷和稗种子，一般进行风选、筛选和相对密度选 3 个步骤。泥水相对密度选的做法是：用 100 kg 水加干土 10～15 kg 搅拌，配制成相对密度为 1.11～1.12 的泥水。将新鲜鸡蛋放入泥水中，露出 2 分硬币大小时为适宜浓度。泥水配好后，将稻种倒入搅拌，捞去浮在上面的秕谷，再将沉在下面饱满的稻种捞出，用清水洗净。

（3）浸种消毒　稻瘟病、恶苗病、干尖线虫病等水稻病害都是种子传播病害。在浸种过程中必须用药剂杀死稻壳表面潜伏的病原物。将选好的稻种放入 1%的石灰水或代森铵、克瘟散乳剂 500 倍液中，浸种 24 h 后捞出，放在清水中继续浸泡 3～4 d。浸种时每隔 1～2 d 换水 1 次。当种子吸水达到种子本身干物质量的 25%时就吸足了。吸足水的种子呈半透明状态，以肉眼能看到胚为宜。

（4）催芽　催芽是提高发芽率、提早出苗的有效措施，包括以下 3 个过程。

①高温破胸：将浸透吸足水的种子放入 50～55 ℃的热水中预热 10～

15 min，趁热放入保温的材料中，以 35～38 ℃的温度保持 12 h 即可破胸露白。当温度下降到 30 ℃以下时，用 45 ℃的热水淘洗 2～3 min。

②增湿降温催芽：破胸露白后，温度由 30 ℃降到 25 ℃。要求根芽齐长。催芽适度的标准为：根长达到稻谷长度的 1/3，芽长达到稻谷长度的 1/5～1/4，切不可过长。

③摊晾锻炼：播种前，至少在室内摊成 3～5 cm 厚“炼芽”半天以上才可以播种。如遇雨天不能播种时，可将种子摊开等天晴播种。

2. 秧田准备

（1）秧田地的选择　应选择地势平坦，背风向阳，土质松软，土壤肥沃，灌排方便，保水保肥性能好的地块作秧田。秧田与本田面积比为 1∶10。

（2）施基肥、整地和做床　充足的肥料是培育壮秧的基本条件。要求每平方米秧田施腐熟圈粪 3.75～7.5 kg、过磷酸钙 75 g。秧田耕耙要精细，耕后做畦。畦的大小根据秧田平整情况确定。在畦内做成秧床，秧床长为 10～13 m，宽为 1.5 m。为了灌水、排水和播种、施肥、除草方便，在秧床的四周挖沟，沟深为 10～13 cm。每个畦内的秧床要求平整一致，软硬适当，这样才能出苗一致，生长整齐。平整秧田可采用放水找平的方法，挖好沟后，向沟内放水验平，使水流到秧床的四周沟里，达到水与床面相平，又不上秧床面，秧床呈两端高低一致的状态，使畦内各秧床面高低差不超过 3 cm。

3. 播种

（1）播种期　高产水稻的生育进程必须与当地的季节气候变化保持良好的同步性，尤其是要把抽穗结实期安排在最佳的温度和光照条件下。某品种的适宜播种期决定于最佳抽穗期和该品种由播种至抽穗期的生育天数。因此应根据所用品种的生育期、秧龄、移栽日期、育秧方式等因素综合考虑，确定当地最适宜的播种期。

（2）播种量　播种量直接影响秧苗的营养面积，是培育壮秧的关键之一。播种量多少与育秧方式、移栽秧龄有关，一般小秧龄苗移栽播种量较大，大秧龄苗移栽播种量较小。4～5 叶龄移栽的播种量以 150 g/m^2 为宜，7～8 叶移栽的长秧龄麦茬稻以 37.5～45.0 g/m^2 为宜。

（3）播种方法　播种前先向畦内灌水，使水流入沟内，并上秧床面约3 cm 深。待水下渗将要露出秧床面时，两人站在秧床两边的水沟里，用木板将床面推平。然后将沟内水排出，使水下渗，露出全部秧床面，即可播种。撒种时要 1 个秧床面分 2 次绕床 1 周撒完，力求落种均匀一致。为使种子与床土密接，吸水快，出苗齐，撒完种后用平板铁锨背面，顺着床面轻轻抹一遍，将露在秧床面上的稻种抹入泥内。

4. 秧田管理

（1）播种到2叶期　此期主攻目标是扎根立苗，防烂芽，提高出苗率。主要措施是湿润灌溉，保持秧沟有水，秧床湿润而不建立水层，直至第2叶抽出。

（2）2叶期到4叶期　此期的关键是及时补充氮素营养，保证4叶期分蘖。主要措施是早施断奶肥，逐步建立水层灌溉。在2叶期初施断奶肥，一般施尿素7.5～10.5 g/m^2，2叶期后逐步实行浅水层灌溉。

（3）4叶期到移栽　此期主攻目标是提高移栽后的发根力和抗植伤力。关键是促进分蘖，提高苗体的糖、氮积累量，调节适宜的碳氮比。主要措施是施好接力肥和起身肥。对地瘦、缺肥、苗弱、分蘖慢、8叶以上叶龄移栽的大苗，要施好接力肥，一般施用尿素6～9 g/m^2。叶色褪淡的秧田，一般于移栽前4～5 d施用尿素7.5～10.5 g/m^2。在移栽前1 d浇1次小水，以利铲秧。移栽前，要在秧田喷1次稻瘟净，做到移栽秧苗带土、带肥、带药。在整个育秧过程中，随时注意除草。出苗后到3叶1心前，要注意防鸟害伤苗。

（二）水稻旱育秧技术

1. 苗床准备

（1）苗床址的选择　苗床址要选择在地势高、下雨不积水、浇水管理方便的地方。宜选用土壤肥沃疏松、熟化程度高、杂草少、地下害虫少、鼠雀危害轻、未污染的菜园地作苗床。盐碱地不宜作苗床。苗床的面积根据移栽叶龄和栽插基本苗确定。苗床与大田之比，3～4叶龄小苗移栽的为1∶40～50，5叶龄中苗为1∶30～40，6叶龄大苗为1∶20～30。

（2）苗床培肥　旱育秧苗床培肥采用三段式培肥法，分为秋季（或冬前）培肥、春季培肥和播前培肥。秋季培肥以施用有机物为主。春季培肥必须施用腐熟的有机肥，要以播种前能充分腐烂为原则。播前培肥主要是施用速效氮、磷、钾肥，一定要在播种前20 d以前施用，要充分与床土拌和均匀，施用量一般为尿素20 g/m^2、氯化钾30 g/m^2、过磷酸钙50 g/m^2。

（3）苗床pH调节处理　在pH>7的土壤上，早春旱育秧容易遭立枯病危害，可用敌克松1.3 g/m^2（有效成分）兑水泼浇，或拌入床土中。

2. 种子准备　其具体方法和步骤与湿润育秧相同。

3. 播种　3～4叶龄移栽的小苗，播种量一般为180～225 g/m^2；5叶龄移栽的中苗，播种量一般为135～180 g/m^2；6叶龄移栽的大苗，播种量一般为90～135 g/m^2。

旱育秧的播种方法与湿润育秧有所不同。播种前先浇水3～4遍，直至浇透为止，刮平床面后播种。播种后压种入泥，并覆土 1 cm 把种盖严。然后，喷丁草胺或苗床复合除草剂封闭床面（用量为 0.3～0.35 g/m^2）。春稻育秧采用塑料薄膜保温的，要紧接着插架条，覆膜，保证覆膜质量。春稻采用开闭式薄膜旱育秧的，为防止两幅膜接口处透气影响保温保湿，播种后可在床面再铺一层地膜，出苗后及时撤去。

4. 秧田管理

（1）水分管理　苗床土壤含水量以田间持水量的 70%～80%为宜。播后 2～3 d，要检查苗床面水分，缺水应立即喷水。苗床面出现顶盖现象时，要用小棍轻轻敲碎，并用喷壶淋浇压实。湿度过大时要及时揭地膜通风晾床。现青 80%时撤掉地膜（不是棚膜）。1 叶 1 心期前 2～3 d 至 2 叶 1 心期，每天早晨喷浇 1 次，水量由小到大。3 叶期后早晚各喷浇 1 次，遇低温或高温大风可灌深水保护。

（2）温度管理　春稻旱育秧温度管理的原则是，由密封到逐渐揭膜，再到全部揭膜，膜内温度由高到低。其中，塑料薄膜保温育秧的 1 叶 1 心期前为密封期，要保持 30～35 ℃高温。要防止大风吹开薄膜。1 叶 1 心期到 2 叶 1 心期为炼苗期，温度逐渐降到 25～30 ℃。3 叶期以后根据温度情况（最低气温高于 12 ℃）逐渐揭膜。

（3）秧田追肥　旱育秧苗床土壤达到要求的，一般不需要追肥。达不到标准的要重视追肥。肥料种类以硫酸铵最佳，其次是尿素。除基肥和面肥外，3 叶期施断奶肥（硫酸铵 30～50 g/m^2），4 叶期还可施壮秧肥（硫酸铵 30 g/m^2）。生产上有时还施 15～20 g/m^2 硫酸铵作起身肥，以利于在本田长根。

（4）病虫害防治技术　其具体方法同湿润育秧。

（三）水稻机插秧双膜育秧技术

双膜育秧指在秧板上平铺有孔地膜，再铺放 2～2.5 cm 厚的床土，播种覆土后加盖农膜保温保湿促齐苗的育秧方式。在机插水稻的几种育秧方式中，双膜育秧投资少、成本低、操作管理方便，是目前最为简易的育秧方式。

1. 育秧准备

（1）营养土准备　最好选择菜园地，撒施有机肥 3 kg/m^2，旋耕 2～3 遍，取其土过筛。然后每 100 kg 细土拌 0.5～0.8 kg 壮秧剂，集中堆闷，充分熟化。一般每公顷移栽大田，需要备营养土 1 500 kg。

（2）秧田面积准备　按照秧田与大田比例 1∶80 留足秧田。

（3）双膜及其他材料准备　一般每公顷大田应备足幅宽 1.5 m 和 2.0 m 的农膜，数量依育秧田面积而定。将地膜整齐卷在木方上进行画线冲孔。孔距一般为 2 cm×3 cm，孔径为 0.2～0.3 cm。备好木条、稻草等其他辅助材料。

（4）种子准备　其具体方法和步骤与湿润育秧相同。

2. 精细播种

（1）铺地膜　整齐铺好带孔地膜（每公顷大田 100 kg 左右）。

（2）均匀铺土　将营养土均匀平整地铺放在地膜上，底土厚度控制在 1.8～2.0 cm。在播种前 1 d 铺好底土后，灌平板水，使底土充分吸湿后，迅速排放。也可直接用喷壶喷洒在已铺好的底土上，使底土水分达饱和状态后，立即播种盖土，以防跑墒。

（3）精细播种　机插小苗必须根据茬口，按照秧龄 18～20 d 推算播种期，宁可田等秧，不可秧等田。机插面积大时，要根据插秧机工作效率安排好插秧进度，合理分批播种，确保每批适龄移栽。播种时，粳稻一般播芽谷 750～950 g/m²，要按畦称种，分次细播、匀播，力求播种均匀。

（4）匀撒盖种土　覆土量以盖没种子为宜，厚度为 0.3～0.5 cm。注意使用未经培肥的过筛细土，不能用拌有壮秧剂的营养土。撒好盖种土后不可再洒水，以防止表土板结影响出苗。

（5）封膜盖草　覆土后，沿秧板每隔 50～60 cm 放一根细芦苇，或铺一薄层麦秸，以防农膜与床土粘贴导致闷种。然后盖膜。盖膜后须将四周封严封实。膜面上均匀加盖稻草，盖草厚度以基本看不见膜为宜。秧田四周开好放水口，避免出苗期降雨秧田积水，造成烂芽。膜内温度控制在 28～35 ℃。对气温较低的早春茬或倒春寒多发地区，应搭建拱棚，增温育秧。

3. 秧田管理

（1）高温高湿促齐苗　经催芽的稻种，播种后需经过一段高温高湿立苗期，才能保证出苗整齐。因此应根据育秧方式和茬口的不同，采取相应的增温保湿措施，确保安全齐苗。播种到出苗期一般为棚膜密封阶段，以保温保湿为主，只有当膜内温度超过 35 ℃时，才可于中午揭开苗床两头通风降温，随后及时封盖。其间，若床土发白、秧苗卷叶，应灌“跑马水”保湿。

（2）及时炼苗　盖膜时间不宜过长。揭膜时间依当时气温确定，一般在秧苗出土 2 cm 左右、不完全叶至第 1 叶抽出时（播后 3～5 d）揭膜炼苗。若覆盖时间过长，遇烈日高温容易灼伤幼苗。揭膜原则是，晴天傍晚揭，阴天上午揭，小雨雨前揭，大雨雨后揭。若遇寒流低温，宜推迟揭膜，并做到日揭夜盖。

（3）水肥管理　其具体方法和步骤同旱育秧管理。

（4）化控技术　为防止秧苗旺长，增强秧龄弹性以适应机插需要，对 4 叶龄移栽的秧苗，于 1 叶 1 心期，用 15%多效唑粉剂，按秧田面积 112.5～150 mg/m²

喷粉；或用可湿性多效唑粉剂，按秧田面积75 mg/m^2，以水稀释2 000倍喷雾。床土培肥时已用过旱育秧壮秧剂的，忌用多效唑。

（四）秧苗素质诊断

俗语有“秧好半年稻”。所谓“秧好”，一是指秧苗素质好，即叶蘖同伸，秧苗基部粗扁，叶色正常，挺直不披，无病虫害，白根、新根多，秧苗干物质量大，淀粉等糖类、蛋白质含量均高，且碳氮比值适当，发根能力强，插秧后返青快，分蘖早；二是指秧苗成活率高，一般湿润育秧田成秧率在60%～70%，管理好的秧田可达80%以上。

影响秧苗素质的因素主要有：种子质量、播种量、环境条件（温度、水分等）、秧田整田质量、秧田期管理水平等。

三、实验材料和用具

1. 实验材料 实验材料包括秧田地、水稻种子、肥料、各种处理的秧苗（不同品种、不同播种期、不同播种量、不同施肥处理、不同育秧方式等）。

2. 实验用具 实验用具有恒温恒湿培养箱、铁锨、米尺、烧杯、瓷盘、天平、镊子、剪刀、吸水纸等。

四、实验方法和步骤

（一）观摩

在教师指导下，观摩一种育秧方式的全过程。有条件时，可以亲自参与一种育秧方式的全过程，并做好记载。

（二）实验

每组随机从秧田取壮苗和弱苗各10株，对下列各项进行调查，取平均值填入表9-1。

1. 苗高 由发根处至最高叶片顶端的高度（cm）为苗高。

2. 可见叶和展开叶数 可见叶和展开叶数指从第1片完全叶到最上面的可见叶或展开叶数目，不包括不完全叶。

3. 绿叶数 绿叶数指3/4以上叶身均为绿色的叶片，未展开的新叶不计在内。

4. 叶龄 叶龄一般以主茎完全叶叶序为准，例如主茎第5叶全展时，记为 5.0；如果心叶（n）尚未完全抽出，则以其抽出长度与心叶下一叶（$n-1$ 叶）叶身全长（M）的大体比例来衡量，以小数表示。

①心叶露尖卷曲如筒状，$n<1/3\ M$ 时，记为 0.1；

②心叶顶端开始展开，$1/3M<n<1/2M$ 时，记为 0.3；

③心叶长度超过下一叶的一半，$1/2M<n<3/4M$ 时，记为 0.5；

④心叶与下一叶等长，$3/4M<n<M$ 时，记为 0.7；

⑤心叶长度超过下一叶长度但未完全伸出，$n>M$ 时，记为 0.9。

5. 分蘖数　分蘖数指单株分蘖个数，包括主茎。

6. 总根数　总根数指根长在 0.5 cm 以上的根数。

7. 白根数　白根数指新鲜白根，即从根基至根尖均为白色的根的数目。

8. 茎基宽　将所有秧苗平放紧靠一起，测量秧苗基部最宽处，得出的平均值（不包括分蘖）为茎基宽。

9. 地上部鲜物质量和干物质量　剪去根部，用吸水纸吸去叶面水分，然后称量，即为鲜物质量。将称鲜物质量的材料，先在 105 ℃下烘 15 min，再在 80 ℃恒温下烘至恒重，即为干物质量。

10. 单位苗高干物质量　其计算公式为

$$\text{单位苗高干物质量（g/cm）}=\frac{\text{单株地上部平均干物质量（g）}}{\text{平均苗高（cm）}}$$

表 9-1　水稻秧苗质量调查

调查日期：　　年　月　日

处理	株号	苗高（cm）	绿叶数	叶龄	单株分蘖数	总根数	白根数	茎基宽（cm）	地上部鲜物质量（g）	地上部干物质量（g）	干物质量/鲜物质量	单位苗高干物质量（g/cm）
1												
2												
⋮												

五、作　　业

1. 通过调查和实际操作，你认为适应当地培育壮秧的主要育秧方式是什么？为什么？其主要技术环节是什么？

2. 根据表 9-1 的调查数据，评价秧苗素质的好坏并分析原因。

实验十 水稻分蘖特性观察

一、实验目的

1. 了解水稻分蘖的形态特征。
2. 掌握水稻分蘖的发生规律和观察记载方法。
3. 熟悉水稻分蘖期田间诊断的方法和栽培措施。

二、实验内容说明

（一）分蘖期水稻幼苗的形态特征

1. 根系 水稻的根系属于须根系，由种子根和不定根组成。初生根又称为胚根、种子根。种子根仅1条，种子萌发时由胚根向下延伸形成，垂直向下生长。不定根是其节上发生的根，也称为节根或冠根，包括胚轴上的胚芽鞘节、不完全叶节和完全叶节上发生的根。1.5叶时胚芽鞘节可长出5条节根，但发育不良的种子，可能只有3条胚芽鞘节根。2.5叶时，不完全叶节长出节根，以后各完全叶的节上依次发生节根。种子根是稻种发芽时吸收水分和养分的主要器官。随着节根的发生，种子根的生长与作用越来越弱，而节根是全生育期中根系的主要部分。稻根有多级分支，但只有一级根和二级根上根毛较多。水稻3叶期时根形成通气组织，通气组织位于成熟区皮层部分的气腔。幼根成熟区表皮在根毛枯死后常脱落，皮层细胞的最外层即代替表皮成为外皮。随着根的老化，外皮也被破坏、死亡而脱落。

2. 叶片 水稻的叶可分为前出叶、不完全叶和完全叶3种。前出叶即胚芽鞘和分蘖鞘，无叶绿素。水稻的第1片叶为不完全叶，仅有叶鞘而无叶耳、叶舌和叶片。从第2片叶起为完全叶，但第2片叶的叶片较短，以后各叶依次加长。

3. 分蘖节 发生分蘖的节称为分蘖节，由几个极短的节间、节、幼小的顶芽和侧芽（分蘖芽）组成。分蘖节不仅是长茎、长叶、长蘖、长次生根的器官，也是储藏营养物质的器官。

(二) 水稻分蘖发生规律

水稻茎基部分蘖节上各节叶腋均有1个腋芽，在适宜条件下长成分蘖。一般伸长茎的节上不长分蘖。水稻胚芽鞘节一般无分蘖，不完全叶节极少发生分蘖。由主茎长出的分蘖称为一次分蘖，由一次分蘖长出的分蘖为二次分蘖，以此类推。各分蘖的名称实际上是用该分蘖在主茎上所处的叶位表示的，称为蘖位。同次分蘖根据其着生节位高低，由下而上依次称作第1位分蘖、第2位分蘖等。分蘖出现的最低节位称为最低分蘖位，分蘖出现的最高节位称为最高分蘖位。分蘖位次的记载，从主茎上发生的分蘖，直接以分蘖着生节位的数字表示，如主茎第6叶位上发生的分蘖即以“6”表示，称为6位蘖；发生在7叶位上的，称为7位蘖；以此类推。二次分蘖的分蘖位次，以两个数字表示，如在上述6位蘖的第1叶节上发生的分蘖，则以“6.1”表示，前面的“6”是一次分蘖在主茎上的分蘖节位，后面的“1”是指一次分蘖的第1节位上发生的分蘖。

(三) 水稻分蘖的发生与主茎叶片的关系

水稻分蘖的发生与主茎的出叶有同伸规律。水稻主茎上第1～3完全叶在幼苗生长期生长，最后3片叶在幼穗分化期生长，其余叶片在分蘖期生长。一般第1～3叶约3 d左右发生1片叶，分蘖期出现的叶片需5～6 d出现1片叶，穗开始分化以后需7～9 d出现1片叶。一般主茎新出叶的叶位与分蘖出生的节位相差3个节，自第1叶起遵循$n-3$的蘖叶同伸规律发生分蘖。即主茎第n叶出现时，$n-3$叶位分蘖第1叶也同时伸出。例如当秧苗主茎第5叶出现时，第2叶节便发生分蘖；第6叶出现时，第3叶节出现分蘖；以此类推。分蘖上的叶蘖也有同伸规律。在适宜的环境条件下，一个主茎叶数为13叶的品种，理论上应有40个分蘖，即9个一次分蘖、21个二次分蘖和10个三次分蘖。在生产实践中，由于光照、养分和其他环境条件的影响，有的分蘖芽不能发育成分蘖，有的可能保持休眠状态。所以大田栽培的水稻，一般只发生一次分蘖和二次分蘖，很少发生三次分蘖。

在分蘖期，主茎和分蘖的地下各节，由下而上不断生出新根。

分蘖的根系发育与其叶片数也存在着一定的关系，分蘖一般在1叶和2叶之前均未生根，3片叶时出现根点，4叶时才有较长的根系，进行独立生活。

水稻移栽后5～7 d就开始分蘖，随后分蘖逐渐增加，到最高点后又逐渐下降，抽穗以后分蘖才稳定下来。因此分蘖的消长呈曲线变化。水稻分蘖的多少，常因品种、插秧密度、水肥条件以及气象因素等不同而有很大差异。掌握这些变化规律，对于控制合理群体结构具有重要意义。

三、实验材料和用具

1. 实验材料 实验材料包括品种试验田或水稻标本园、不同处理的分蘖的稻株。

2. 实验用具 试验用具有刀片、镊子、标签或红油漆等。

四、实验方法和步骤

实验可分为实验室观察和田间观察两部分，其中田间观察一般利用课外时间进行。

（一）实验室观察

同一品种（或处理）取具 4 片叶以上且分蘖数较多的分蘖稻株，依次观察下列项目。

1. 观察水稻分蘖的位次 选取 5～10 株，用刀片将茎基部纵向剖开，辨明主茎，各次和各位分蘖（并作模式图）。

2. 调查主茎出叶和分蘖出现的关系 取不同叶数的分蘖，分别调查完全叶数及分蘖着生节位以上主茎的叶节数，推算出分蘖各叶出现期与主茎各叶出现期的关系。

3. 观察分蘖根系发生与其叶片数的关系 将分蘖自主茎上剥下，观察具有不同叶数的分蘖发根情况。

（二）田间观察

在品种试验田或标本园里观察下列项目。

1. 分蘖位的观察 在单本插植区，在插秧时选定样株 5～10 株，用红漆标记主茎叶龄。以后定期（例如每 3 d 进行 1 次）观察或记载主茎叶龄及各位次分蘖发生时期及节位。观察结果记入表 10-1。

表 10-1 水稻叶龄及分蘖位次观察记载

调查日期（月/日）	第 1 株		第 2 株		……	第 9 株		第 10 株		平均	
	主茎叶龄	分蘖位次	主茎叶龄	分蘖位次		主茎叶龄	分蘖位次	主茎叶龄	分蘖位次	主茎叶龄	分蘖位次

2. 观察分蘖的消长变化情况　在多株插植区，插秧时选定5～10穴（要求距田埂1 m以上），做好标记，定期观察。返青后计数每穴基本苗。分蘖开始后，每3～5 d观察1次，计数每穴茎蘖数，直至抽穗为止。成熟期再调查每穴有效穗数。观察结果记入表10-2。

表10-2　水稻分蘖动态观察记载（个/穴）

调查日期（月/日）	第1株	第2株	……	第9株	第10株	平均

五、作　　业

1. 绘水稻分蘖实况或模式图，标明主茎及各次和各位分蘖。

2. 将分蘖出现与主茎叶数的关系，以及分蘖叶数与根系发生情况填入表10-3，并略加说明。

表10-3　水稻分蘖与主茎叶数、分蘖叶数及根系发生情况

处理	分蘖位次	分蘖叶数	该蘖着生节位以上主茎的叶数	分蘖根系发生情况		备注
				根数	根长（cm）	

3. 根据实验结果，总结水稻分蘖发生的规律。

4. 根据田间调查资料，作移栽水稻本田分蘖消长变化曲线图，标明分蘖始期、最高分蘖期、有效分蘖终止期和无效分蘖期，求出有效分蘖比例（%）。将有关结果填入表10-4和表10-5，分析栽培措施与群体结构的关系。

表10-4　本田主茎叶片生长情况

品种或处理	移栽期及叶龄	自剑叶起下数第4叶全展日期（月/日）	本田营养生长期叶片生长速度			剑叶全展期（月/日）	最后3片叶生长速度		总叶数	备注
			天数	出叶数	出叶速度（天/叶）		天数	出叶速度（天/叶）		
1										
2										
⋮										

表 10-5　水稻主茎最低、最高分蘖位

品种或处理	移栽期叶龄	平均最低分蘖节位	平均最高分蘖节位	每株分蘖平均节数
1				
2				
⋮				

实验十一　水稻幼穗分化过程观察与诊断

一、实验目的

1. 掌握观察水稻幼穗分化的操作技术。
2. 识别水稻幼穗分化各个时期的形态特征。
3. 掌握水稻幼穗分化过程的外部形态诊断方法。

二、实验内容说明

水稻穗粒数的多少对产量形成具有重要作用，穗粒数主要决定于幼穗分化过程中形成的小穗数目及小穗发育程度。培育壮秆大穗，防止小穗败育是长穗期栽培管理的主攻目标。了解水稻幼穗分化各个时期的形态特征及其与外部形态的关系，并进行准确诊断，对科学栽培调控大穗具有重要意义。

(一) 水稻幼穗分化过程的观察

1. 水稻穗的形态和结构　水稻的穗为圆锥花序，由穗轴（主轴）、一次枝梗、二次枝梗（间或有三次枝梗）、小穗梗和小穗组成。穗轴上一般有 8～15 个穗节，穗颈节为最下 1 个穗节。每个穗节上着生 1 个枝梗。直接由穗节上长出的分枝为一次枝梗，一次枝梗上长出的分枝为二次枝梗。每个一次枝梗上一般直接着生 5～6 个小穗梗，每个二次枝梗上一般着生 3～5 个小穗梗。小穗梗末端着生 1 个小穗，每个小穗一般只发育 1 朵颖花。穗轴基部的少量一次枝梗及其中下部的二次枝梗有退化现象，在长成的穗上会有退化的痕迹（图 11-1）。稻穗的大小最终反映在发育的颖花数上，一次枝梗数是颖花数量的基础，但发育颖花数的多少与二次枝梗数的关系最为密切。穗颈节间大维管束数与一次枝梗数接近，节间越粗，大维管束越多，因此壮秆才能大穗。

2. 水稻穗分化过程　稻株经适宜的日长诱导后，茎端生长点在生理和形态上发生变化，停止分化叶原基而分化出第一苞原基（其宽度大于高度），便进入穗分化期，经过一系列分化形成稻穗。丁颖把水稻穗分化过程划分为 8 期：第一苞分化期、一次枝梗原基分化期、二次枝梗原基及颖花原基分化期、

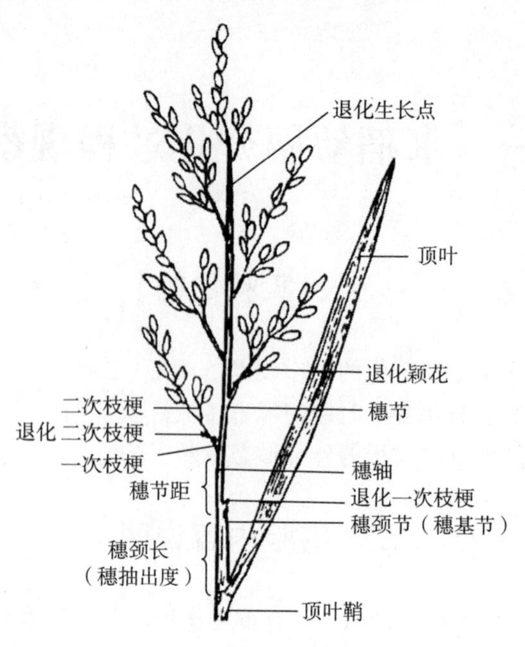

图 11-1 水稻穗的结构

（引自浙江农业大学等，1981）

雌雄蕊形成期、花粉母细胞形成期、花粉母细胞减数分裂期、花粉内容物充实期和花粉充实完成期。日本人松岛省三把穗分化过程划分为 7 期，与丁颖的划分相似。凌启鸿等为在生产上应用方便计，把穗分化过程简要划分为苞分化期、枝梗分化期（包括一次枝梗和二次枝梗分化）、颖花分化期（包括颖花原基及雌雄蕊分化）、减数分裂期（包括花粉母细胞形成及减数分裂）和花粉粒充实完成期。现将丁颖划分的各期的特征说明如下。

（1）第一苞分化期　稻穗开始分化时，最先从稻茎生长点分化第一苞原基。第一苞原基的出现，标志原始的穗颈节已分化形成，其上就是穗轴。因此第一苞分化期又称为穗轴分化期，这是生殖生长的起点（图 11-2）。

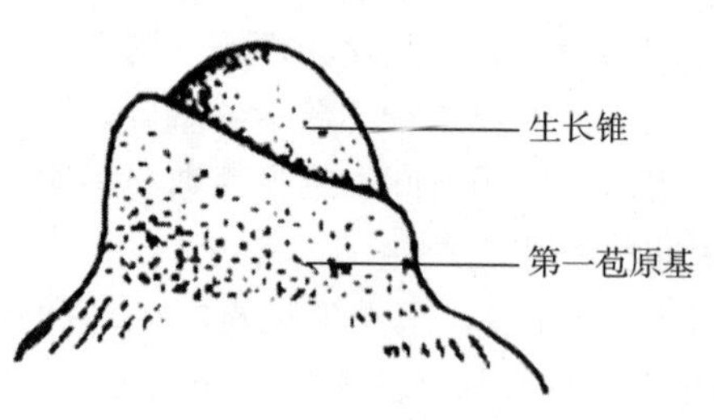

图 11-2 第一苞分化期

（引自南京农学院，1979）

（2）一次枝梗原基分化期　第一苞原基增大后，在生长锥上分化第二苞原基、第三苞原基等，在各苞的腋部产生新的突起，即一次枝梗原基。分化进一步发展，这些突起达到了生长锥的顶端，一次枝梗的分化即结束。从这时起，在苞的着生处开始长出白色的苞毛（图 11-3）。

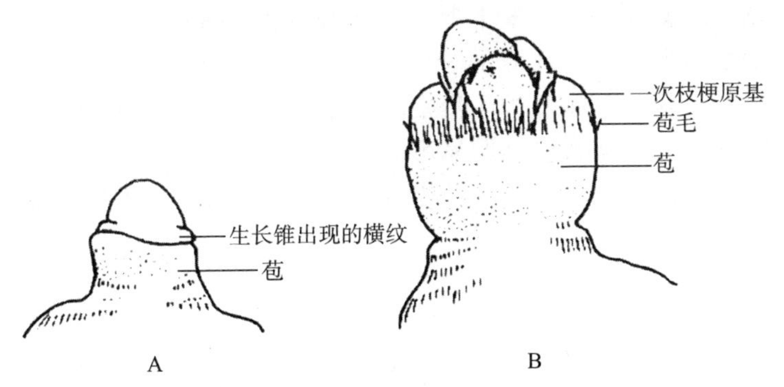

图 11-3　一次枝梗原基分化期

A. 分化初期的幼穗外形　B. 分化后期的幼穗外形

（引自南京农学院，1979）

（3）二次枝梗原基及颖花原基分化期　当生长锥最顶端的生长点停止发育时，穗顶最晚出现的一次枝梗原基下部又出现苞，并由下而上逐渐在苞的腋部很快分化出二次枝梗原基，接着下一个一次枝梗原基也逐渐由下而上在苞的腋部出现二次枝梗原基，依次进行。当二次枝梗原基分化到各个一次枝梗原基上部时，稻穗全部被苞毛覆盖，这时稻穗长度为 0.5～1.0 mm。接着，上部一次枝梗顶端出现颖片原基，小穗从这时开始陆续分化，在二次枝梗上也分化出小穗原基，这时稻穗长度为 1.0～1.5 mm（图 11-4）。

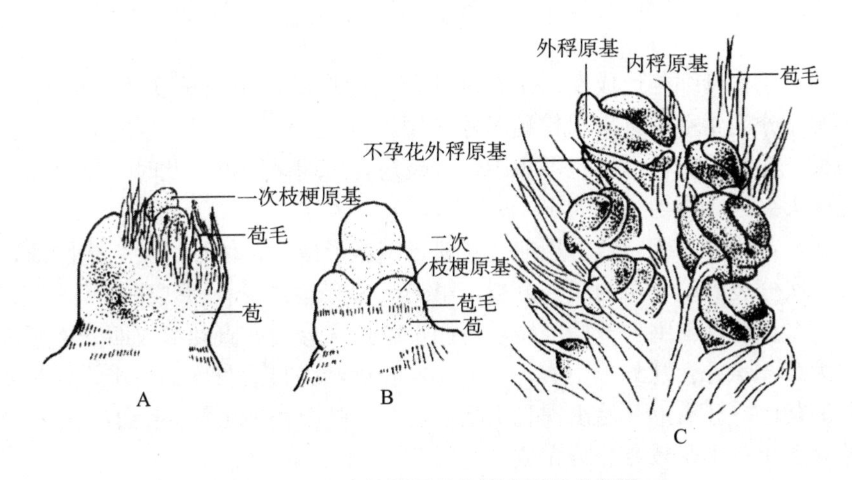

图 11-4　二次枝梗原基及颖花原基分化期

A. 分化初期的幼穗外形　B. 从 A 剥下的 1 个枝梗　C. 分化后期幼穗上的 1 个枝梗

（引自南京农学院，1979）

（4）雌雄蕊形成期　首先在最上部的一次枝梗顶端小穗的结实小花上出现雌蕊原基和雄蕊原基，穗最下部的二次枝梗的小穗原基亦陆续分化完毕，稻穗的小穗数就此决定。此时穗长约为 5 mm。接着穗轴、枝梗和小穗梗都开始显著伸长，雌蕊和雄蕊进一步发育，雄蕊原基分化为花药和花丝，雌蕊上分化出胚珠原基，浆片已经明显可见，小花的内稃和外稃已经相当发达并将内部器官完全包住。此时幼穗长为 5～10 mm，幼穗的外部形态已初步形成（图 11-5）。

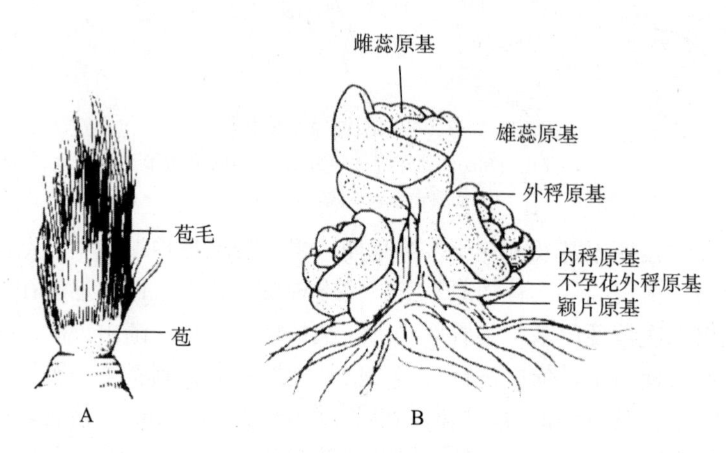

图 11-5　雌雄蕊形成期

A. 幼穗外形　B. 从 A 剥下的 1 个枝梗

（引自南京农学院，1979）

（5）花粉母细胞形成期　小花和花药长度增长，小花长度达 2 mm 左右。花药明显分为 4 室，且出现粉囊间隙（图 11-6）。小穗顶端出现叶绿素，花丝稍伸长。初始的花粉母细胞不规则，有棱角，后期呈圆形。此时，雌蕊原基上出现柱头突起。稻穗长度为 1.5～4.0 cm。

（6）花粉母细胞减数分裂期　花粉母细胞形成后，体积增大，呈圆形，即进行 2 次分裂（第一次为减数分裂，第二次为有丝分裂），形成四分体（图 11-7）。一个花粉母细胞自开始分裂，再经过第二次分裂，直到形成四分体所需的时间为 24～48 h。从外形上看，此时小花长度约为最后长度的一半，花药变成明显的黄色，柱头上开始出现乳头状小突起。整个稻穗由第一朵小花减数分裂开始，到所有小花减数分裂完成，经历 5～7 d。

（7）花粉内容物充实期　四分体分散并收缩成不规则形，小花的长度达到最终长度的 85%左右。随后花粉外壳逐渐形成，体积增大，花粉内容物逐渐充实。直到内容物充满之前，为花粉内容物充实期（图 11-8）。内稃和外稃纵向伸长接近停止，横向则迅速增大。当内稃和外稃长宽增加都接近停止时，便开始硅化变硬，叶绿素不断增加，雄蕊和雌蕊迅速增长，柱头上依次出现羽状突起，而颖片退化。

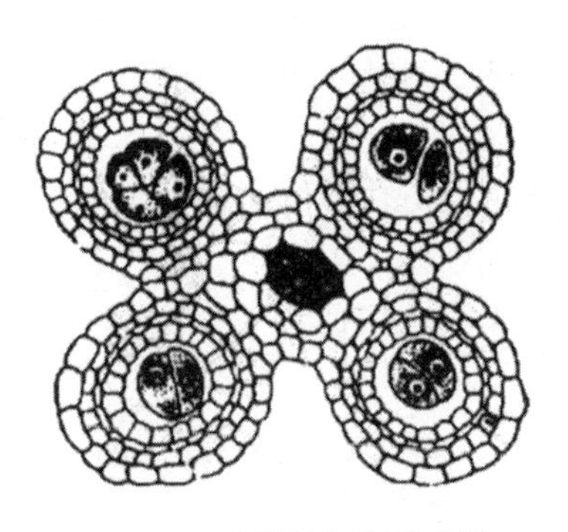

图 11-6　花粉母细胞形成期
（引自浙江农业大学等，1981）

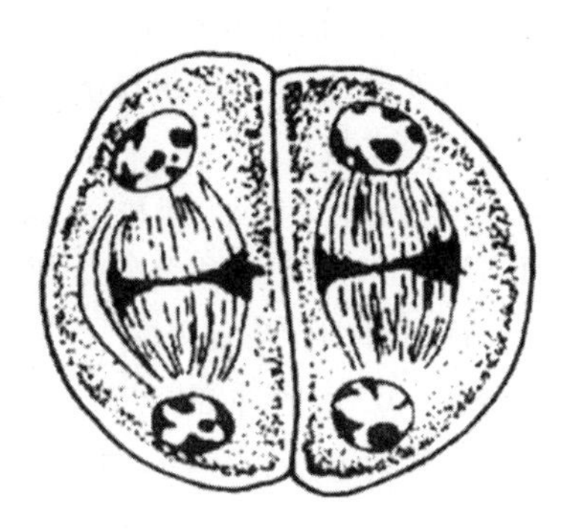

图 11-7　花粉母细胞减数分裂期
（引自浙江农业大学等，1981）

（8）花粉粒充实完成期　在抽穗前 1～2 d 内，花粉内容物充满花粉壳，花粉内的生殖核又分裂成 2 个精核，加上一个营养核，称为三核花粉粒，至此花粉发育全部完成（图 11-8）。

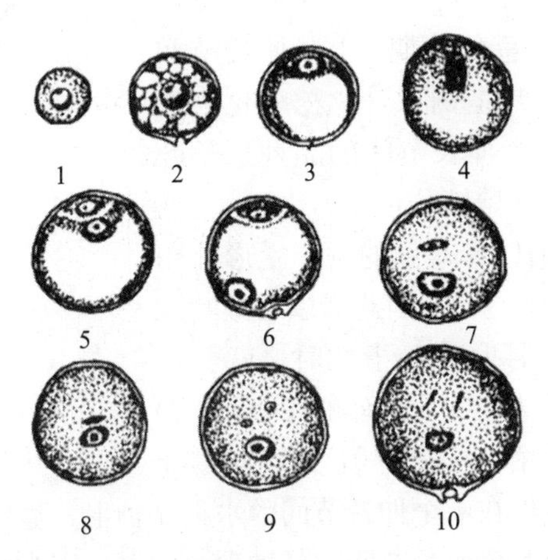

图 11-8　小孢子（1）经过花粉内容物充实期（2～9）发育成为成熟花粉粒（10）
（引自浙江农业大学等，1981）

（二）水稻幼穗分化的外部形态诊断

1. 叶龄　整个水稻穗分化均发生于最后 3.5 片叶的抽出过程中，共经历

4.5 个出叶周期。知道某水稻品种的总叶片数，就可以根据叶龄诊断穗分化的具体时期。

（1）第一苞分化期　此期与倒 4 叶的后半期抽出同步，叶龄余数为 3.5～3.1，此期形成穗轴节及穗轴。

（2）枝梗分化期　此期与倒 3 叶抽出同步，叶龄余数为 3.0～2.1，形成一次枝梗和二次枝梗。

（3）颖花分化期　此期与倒 2 叶抽出同步（包括剑叶的抽出初期），叶龄余数为 2.0～0.8，形成花器的花被部分。

（4）花粉母细胞形成及减数分裂期　此期与剑叶抽出的中后期同步，叶龄余数为 0.8～0，形成性细胞。

（5）花粉粒充实完成期　此期与孕穗同步，相当于 1 个出叶周期，配子体发育成熟。

2. 飘长叶　水稻到了分蘖末期，从第一抱茎叶开始，叶片的长度明显增长，一般要比其下一叶增长 50%以上，其叶片比较挺立。当第一抱茎叶抽出下 1 叶叶鞘时，“飘”在群体的叶层之上，生产上称为开始飘长叶。5 个伸长节间的水稻品种飘长叶时，心叶是倒 4 叶，显示穗分化将要或正进入苞分化期；4 个伸长节间的品种飘长叶时，心叶是倒 3 叶，穗分化已进入枝梗分化期；而 6 个伸长节间的品种飘长叶时，预示着下 1 叶将开始穗分化。

3. 双零叶期　稻株最基部的两个变形叶鞘叶的叶枕距很小，接近于 0，因此当以后的叶片从下面叶鞘中抽出，且叶枕等于 0 时，就会显示出 3 片叶的叶枕相平，里面的心叶露尖（图 11-9）。由于有 2 个叶枕距为 0，故名双零叶期。双零叶期如果发生在 6 个伸长节间的水稻品种上，显示穗分化将开始或正在开始；如果发生在 5 个伸长节间的品种上，则可认定为枝梗分化期；若发生在 4 个伸长节间的品种上，则穗分化已进入颖花分化期。

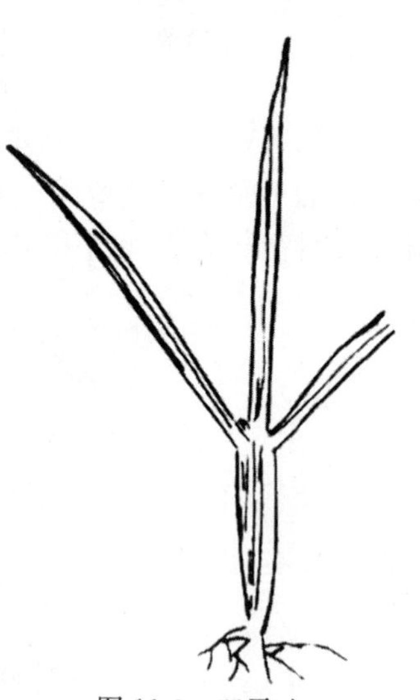

图 11-9　双零叶

（引自凌启鸿等，1994）

三、实验材料和用具

1. 实验材料　实验材料为不同穗分化时期的水稻植株、固定液和染色液。

2. 实验用具　实验用具为双目解剖镜或显微镜、镊子、剪刀、解剖针等。

四、实验方法和步骤

取不同穗分化时期的水稻植株，先用镊子剥去叶片，再用解剖针剥去内部未伸展的叶片和叶鞘，置于解剖镜或显微镜下观察。

取回的材料如不能及时观察，应将稻穗剥去叶片，放在FAA固定液或卡诺氏固定液中保存，供以后观察用。

卡诺氏固定液：纯酒精（或95%酒精）3份+冰醋酸1份。固定稻穗1～24 h，如不能处理，应更换到70%的酒精中保存。

FAA固定液：50%或70%的酒精90 mL+冰醋酸5 mL+甲醛5 mL。可以较长时间保存。

观察花粉母细胞形成时，可在出现双零叶期的减数分裂高峰期开始进行。每天6:30—7:00或16:30—17:00采集花粉，先用固定液固定，然后用醋酸铁苏木精染色后，在显微镜下观察。

醋酸铁苏木精：45%醋酸100 mL，加入0.5 g苏木精，待充分溶解后过滤。过滤后的溶液作为原液。用时，取适量原液，用45%醋酸稀释3～4倍，再滴入醋酸铁（在45%的醋酸中加入过量的硫酸高铁铵即成），使染液由棕黄色变为蓝色为止。染液配制数日后，染色效果变差，故必须随配随用。

水稻幼穗分化的外部形态诊断，可在田间根据植株形态结合显微镜观察进行。

五、作　　业

1. 将所观察到的稻穗分化形成各个时期的特征绘图，并说明分化时期，标明各部位名称。

2. 水稻穗分化过程中，其内部形态特征与植株外部形态有何对应关系？

3. 根据你的观察和诊断结果，你认为高产栽培中应采取什么措施促进大穗？

实验十二　水稻成熟期测产与考种

一、实验目的

1. 掌握成熟期水稻田间测产方法。
2. 熟悉水稻成熟期经济性状与产量构成因素的调查方法。

二、实验内容说明

（一）水稻测产

水稻产量的形成具有明显的阶段性和时间性，主要由3个阶段构成：穗数形成阶段（与营养生长期关系密切）、颖花形成阶段（与幼穗发育期关系密切）、结实率和籽粒质量形成阶段（与开花结实期关系密切）。水稻产量的高低，是品种特性、土壤气候条件及各种栽培措施等影响因素综合作用的结果。上述因素综合影响产量构成因素，因而对产量构成因素的调查，可以从理论上预测水稻产量。田间测产是一项评价技术成果产量效应的重要手段之一，必须真实、准确、可靠。常用的测产方法有试割测产和理论测产，前者面积一般不小于667 m^2，后者适于小面积测产。

（二）成熟期考种

考种的项目可根据研究目的确定。经济性状一般都要调查，例如每公顷穗数、每穗颖花数、每穗实粒数、成粒率、千粒重等。引种观察和品种比较试验还要对品种的特征特性进行调查和分析，例如穗长、一次枝梗数、二次枝梗数、着粒密度、谷草比等。总之，在力所能及的条件下，调查和分析项目越多，结果会越好。

三、实验材料和用具

1. 实验材料　实验材料为成熟期的水稻群体。

2. 实验用具　实验用具有皮卷尺、米尺、镰刀、剪刀、电子天平（感量

0.01 g)、计算器、小区稻麦脱粒机、谷物水分测定仪等。

四、实验方法和步骤

(一) 测产

1. 小面积试割法测定实际产量　在大面积测产中，可在待测田块按对角线法选择 3～5 个样点，每点收割 2 m^2，脱粒后清除瘪粒，称得湿谷质量 (W)。用种子水分测定仪测定 3 次含水量，求得平均值 (M)。按谷粒的标准含水量 14%折算成干谷质量 (D)，计算公式为

$$D=W\times(1-M)/(1-14\%)$$

最后按面积计算出每公顷稻谷产量，计算公式为

$$稻谷产量\ (kg/hm^2)=10\,000\times 取样产量\ (kg)/取样面积\ (m^2)$$

2. 按产量构成因素测定理论产量　水稻单位面积上的产量是单位面积有效穗数、每穗实粒数和籽粒质量 3 个因素的乘积。要获得理论产量，就必须先准确调查这 3 个因素。

(1) 每公顷有效穗数的测定　首先测定行距和穴距，在均匀插秧田块随机选取 5 个样点，在每个样点上分别测量横、竖各 11 穴的距离，分别除以 10，求出该点的行距和穴距。再把各取样点的数值进行统计，求出该田块的平均行距、穴距和每公顷实际穴数。

$$每公顷实际穴数=\frac{10\,000\ m^2}{平均行距\ (m)\times 平均穴距\ (m)}$$

然后调查每穴有效穗数，即每个样点上连续取 10～20 穴，计数每穴有效穗数（具有 10 粒以上的穗子为有效穗），求出全田平均每穴穗数。其计算公式为

$$每公顷有效穗数=每穴平均穗数\times 每公顷实际穴数$$

行、穴不规则的直播稻和抛秧稻，可以每点取 1 m^2 以上调查有效穗数，再折合每公顷有效穗数。

(2) 每穗实粒数的测定　在每个取样点上取 1 穴穗数接近该点平均每穴穗数的稻穴，计数该穴的每穗实粒数，5 点平均。也可将全穴的有效穗脱粒，投入清水中，搅拌，除去上面的空秕粒，计数沉入水中的实粒数，除以该穴总有效穗数，得出每穗实粒数。

(3) 千粒重的测定　将结实稻谷分别数出 3 组，每组 1 000 粒，烘干至恒重，再按标准含水量（通常按 14%计算）折算成千粒重，并求得该样本的平均千粒重。也可直接采用常年千粒重数据。

（4）理论产量计算　其计算公式为

$$稻谷理论产量（kg/hm^2）=\frac{每公顷穗数\times每穗实粒数（个）\times千粒重（g）}{1\,000\times1\,000}$$

$$=\frac{每公顷穗数（万）\times每穗实粒数（个）\times千粒重（g）}{100}$$

（二）性状调查

结合测产取样，选取代表性稻株，按观测记载项目进行调查。田间试验和实习经过上述一系列的步骤之后，获得的试验和调查数据、资料称为原始数据。把这些原始数据经过整理，变成标准化的数据（也称为一级数据），记入表12-1，再进行统计分析。最后，根据分析结果写出试验总结。

表12-1　水稻成熟期性状调查记载

处理：

调查项目	数值	调查项目	数值
行距（cm）		理论产量（kg/hm^2）	
株距（cm）		实际产量（kg/hm^2）	
株高（cm）		单茎平均绿叶数	
每公顷穴数（万）		剑叶长（cm）	
每公顷穗数（万）		倒2叶长（cm）	
穗长（cm）		倒3叶长（cm）	
落粒性		穗颈节间长（cm）	
倒伏性		倒2节间长（cm）	
每穗总粒数		倒3节间长（cm）	
每穗空秕粒数		倒4节间长（cm）	
每穗实粒数		倒5节间长（cm）	
结实率（%）		谷草比	
千粒重（g）		根系情况	

五、作　　业

1. 自行设计田间测产记录表，填入测产结果。填写成熟期性状调查表（表 12-1）。

2. 根据测产和考种所得到的数据，分析不同处理或田块产量构成因素的特点，以及提高产量构成因素的技术要点。

实验十三　高粱、谷子、糜子和荞麦的形态特征观察与类型识别

一、实验目的

1. 熟悉高粱、谷子、糜子和荞麦的形态特征。
2. 掌握识别高粱、谷子、糜子和荞麦不同类型的方法。

二、实验内容说明

（一）高粱

1. 高粱的植物学特征　高粱根系为须根系，由初生根、次生根和支持根组成。根层明显，可达8～10层。高粱茎包括节和节间，地上部有10～18个节，地下部有5～8个节。茎的断面近圆形。茎的外部组织较致密坚硬，被有白色蜡粉。高粱叶较狭窄，边缘较平直，叶面较光滑，有蜡粉。叶片主叶脉色较白，组织受伤后可以产生由花青素形成的紫红色斑点等，这些是与玉米叶片不相同的特点。因品种不同，叶片主脉亦有白色、黄色、暗绿色等颜色。全株的叶片以中部的最大。高粱的穗为顶生圆锥花序（图13-1），中央有1个穗轴，其上着生4～11个节，每节轮生8～10个一级枝梗，一级枝梗上依次着生二级枝梗和三级枝梗。小穗通常成对着生在三级枝梗上，1个有柄，1个无柄，无柄小穗结实。种子较小。

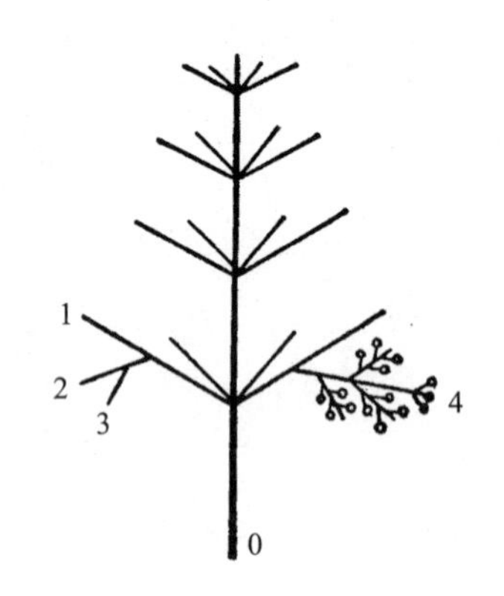

图13-1　高粱花序模式

0. 穗轴　1. 一级枝梗
2. 二级枝梗　3. 三级枝梗　4. 小穗
（引自山东农学院，1980）

2. 高粱的类型　高粱根据穗型可分为密穗和散穗2个亚种。密穗亚种中又分为直密穗和鹅颈穗（穗颈顶端向下弯曲而穗下垂）2个类型，散穗亚种中

也可分为直散穗和侧散穗 2 个类型。这些亚种和类型的形态差别，主要表现在花序结构上的穗颈顶端弯曲与直立、穗轴的长短、穗轴上分枝的稀密、分枝的长短（与穗轴的比例）、分散的方向等。此外，穗形主要有纺锤形、筒形、伞形、帚形（图 13-2）等。

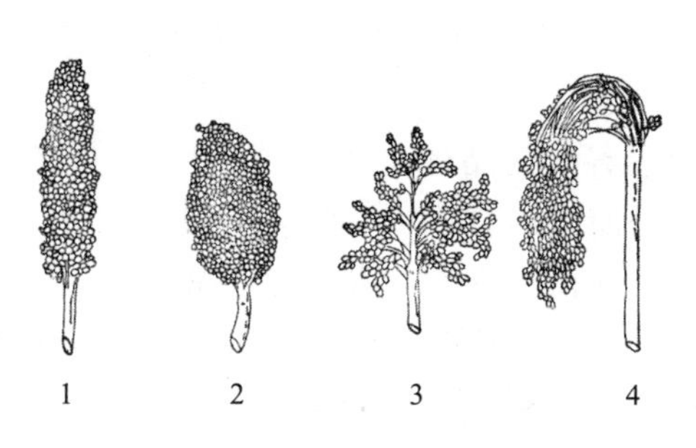

图 13-2　高粱穗的形状

1. 筒形　2. 纺锤形　3. 伞形　4. 帚形

（引自辽宁省农业科学院，1988，经整理）

（二）谷子和糜子

1. 谷子和糜子的形态特征

（1）谷子的形态特征　谷子根系为须根系，有初生根和次生根之分。谷子可产生分蘖，分蘖力强的品种可达到 10 个分蘖。谷子的叶片为披针形，有叶片、叶鞘、叶舌和叶枕，没有叶耳。主茎叶可达 15～25 片，但早熟品种只有 10 片左右。谷子的茎直立，圆柱形，茎高为 0.6～2.0 m。茎节 15～25 个，少数早熟品种为 10 个茎节，基部 4～8 个节密集在一起形成分蘖节，地上 6～17 个节间伸长。谷子的穗为顶生圆锥花序，中央有 1 个主轴，主轴上有 3 级分枝，小穗着生在三级分枝上。小穗基部有刚毛 3～5 根。每个小穗有 2 片颖片，内有 2 朵小花，上位花为完全花，下位花退化。结实小花有雌蕊 1 枚、雄蕊 3 枚，子房基部侧生 2 个浆片。每穗有小穗 3 000～10 000 个。

（2）糜子的形态特征　糜子根系为须根系，有初生根（种子根）和次生根（节根）之分，次生根有 20～40 条。糜子可产生分蘖，早熟品种还可以在地上部产生分枝。糜子的叶片由叶片、叶舌、叶枕及叶鞘组成，叶互生，无叶耳。除第 1 叶外，其余叶片为披针形。总叶数为 7～14 片，叶表面茸毛浓密，边缘粗糙。糜子的茎直立，圆柱形，中空，地上 5～11 个节伸长；地下 3～5 节密集在一起，为分蘖节。糜子的穗为顶生圆锥花序，由主轴和分枝组成，主轴直立或者弯向一侧，长为 15～50 cm，成熟后下垂，颜色有绿色和紫色 2 种。穗的分枝最多有5级，末级分枝的顶端着生卵圆形的小穗，小穗上结种子，一般为1 000～3 000粒。每个小穗有2朵花，下面的小花只有1个外稃，为不完全花，不能结实；上面的小花为完全花，包括外稃和内稃各1枚、雄蕊3枚、雌蕊1枚和2个浆片。种子为颖果，颖壳坚硬而光滑，果皮和种皮紧接，种子千粒重为4～8 g。籽实有黄色、红色、白色、褐色等。

2. 谷子和糜子的类型

（1）谷子的类型　谷子的品种类型很多。由于一级分枝和二级分枝的长短、数目、距离的不同而使穗子形成各种各样的形状。按其穗形特点可分为纺锤形、圆筒形、圆锥形（长圆筒形）、棍棒形、异形等。

（2）糜子的类型　糜子按其穗形特点分为散穗形、侧穗形和密穗形3种。这是由其主轴和分枝的分布和长短及空间分布造成的。

谷子和糜子在形态上的主要区别见表13-1。

表13-1　谷子和糜子的区别

器官	谷子	糜子
茎	直立。一般较高。中空，稍有髓，较细。分蘖节以上无分枝	倾斜或直立。一般较矮。节间中空，节上生短毛，较粗。分蘖节以上可以产生分枝
叶片	窄，色较深，茸毛少而短	宽，色较淡，茸毛多而长
叶鞘	有短茸毛或光滑	密生长茸毛
花序及果实	穗的枝梗密集呈穗状。籽粒较小，无光泽	穗的枝梗松散。籽粒较大，有光泽且光滑

（三）荞麦

1. 荞麦的植物学特征　荞麦根系为直根系。茎直立，高为60～120 cm，表面光滑，中空，多汁。茎秆有棱角，节处略弯曲，茎节膨大，有茸毛。叶腋处着生侧芽，可产生多级分枝。叶互生，呈心脏形和三角形，有的近五角形，长为2.5～5.0 cm。叶面光滑无毛，通常为绿色，叶柄及叶脉呈红紫色。花序为伞形总状花序，着生于叶腋处和分枝顶端，密集成簇，每簇20～30朵花。花为两性花，雄蕊8枚，基部有蜜腺，雌蕊1枚，花柱3歧。

2. 荞麦的类型　生产中常用的荞麦有2种，一种是普通荞麦，又称为甜荞，籽实品质好；另一种是鞑靼荞麦，又称为苦荞，籽实带苦味。甜荞和苦荞的主要形态区别见表13-2。

表 13-2　甜荞和苦荞的形态区别

器官	甜荞	苦荞
幼苗	子叶大，常有花青素色泽	子叶小，叶色由淡绿到浓绿
根系	没有菌根	有菌根
叶片	三角形或戟形，基部有或无明显的花青素色斑	形状与甜荞相同，但较圆，基部常有明显的花青素色斑
茎	细长，常有棱角，浅红色或绿色	粗矮，常光滑，绿色
花序	总状花序，但上部果枝为伞形花序	在所有果枝上有疏松的总状花序
花	较大，有香味，主要为白色，也有玫瑰色或红色，花为两性花，适于异花授粉	较小，主要为紫白色，也有淡黄色或绿色，无气味，有等长的雌蕊和雄蕊，适于自花授粉
果实	较大，显著三棱形，光滑，棱角明显	较小，三棱形不明显

三、实验材料和用具

1. 实验材料　实验材料为高粱、谷子、糜子和荞麦不同类型的植株和各器官的标本材料及其图片。

2. 实验用具　实验用具有解剖刀、解剖针、瓷盘、直尺、计算器等。

四、实验方法和步骤

（一）高粱形态和类型观察

取高粱植株，对照挂图和标本，由下而上观察其根系、茎秆、叶片、花序的形状及分枝、小穗、小花的形态结构，注意不同类型的异同点。

（二）谷子形态和类型观察

取谷子植株，对照挂图和标本，由下而上观察其根系、茎秆、叶片、花序的形状及分枝、小穗、小花的形态结构，注意不同类型的异同点。注意其与糜子的形态区别。

（三）糜子形态和类型观察

取糜子植株，对照挂图和标本，由下而上观察其根系、茎秆、叶片、花序的形状及分枝、小穗、小花的形态结构，注意不同类型的异同点。注意其与谷子的形态区别。

（四）荞麦形态和类型观察

取荞麦植株，对照挂图和标本，由下而上观察其根系、茎秆、叶片、花序的形状及分枝、小穗、小花的形态结构，注意甜荞和苦荞2种类型的异同点。

五、作　业

1. 高粱的穗形有哪些？
2. 根据观察的植株形态，列表说明谷子和糜子的异同点。
3. 根据观察的植株形态，列表说明甜荞和苦荞的主要区别。

实验十四　谷子成熟期测产与考种

一、实验目的

1. 了解谷子测产在生产、科研中的重要意义。

2. 掌握谷子田间测产及室内考种的基本方法。

二、实验内容说明

（一）谷子测产的重要性

谷子是我国北方地区的主要粮食作物之一，主要分布在吉林、辽宁、内蒙古、河北、山西、山东、河南、陕西等地。

对于生产单位，收获前进行谷子产量测定，是总结谷子生产经验，分析各项措施效果的最佳方法；也有利于制订收获、储藏计划，合理安排劳力。对于科研单位，谷子田间测产是品种选育和农艺措施研究的基础方法。

（二）谷子测产的方法

谷子测产包括两个方面，一是测定谷子的经济产量，二是测定谷子的产量构成因素。

1. 谷子经济产量的测定　谷子的主要收获器官是籽粒。在测定籽粒产量时，多数采用多点取样法。一般在谷子收获的田间随机选取若干样点，每个点的大小根据人力、谷子的面积及田间整齐度来确定，一般每点面积不小于10 m^2。收割样点谷子，采用实打实收测产的方法。在计算时要把样点产量换算成每公顷产量，再进行各样点产量平均，从而获得测产地块产量。

2. 谷子产量构成因素的测定　由于品种、栽培措施、环境条件不同，谷子产量构成因素也有很大差异。谷子的产量由单位面积穗数和穗粒重构成。在测产时，要先调查谷子单位面积穗数，然后选取有代表性植株带回室内，风干调查谷子穗长、穗粗、穗粒质量、千粒重、秸秆质量、经济系数等。

三、实验材料和用具

1. 实验材料 实验材料为大田谷子。

2. 实验用具 实验用具有皮尺、钢卷尺、电子天平、尼龙种子袋、标签、麻绳等。

四、实验方法和步骤

(一) 谷子产量构成因素调查

1. 田间调查取样 在谷子成熟时，把学生分成小组，每组4～5人。各小组先在测产田中划定5个调查样点，用皮尺量出面积为10 m^2左右的样点。如果实验地面积小，实验人数较多，则可让每组学生只测定1个样点，让5个组的同学共同计算5点数据。由于谷子是分蘖成穗的作物，要先调查单株谷子分蘖成穗情况，把小区株数填入表14-1（例如样点1单株成穗4穗的株数为70，则在表中样点1行4对应的1列下填入70）。根据表14-1可计算出样点内的总株数和总穗数。

在每个样点内选取整齐一致的植株20株，全部带根挖起。用麻绳捆好（要保护叶片，在搬运过程中避免叶片丢失），挂好标签，注明学生班级、姓名、学号、品种、样点、测产日期等信息，带回室内风干。

表14-1 谷子单株成穗调查

	单株成穗数									总株数
	1	2	3	4	5	6	7	8	9	
样点1										
样点2										
样点3										
样点4										
样点5										

2. 室内考种 先把20株谷子从茎基部剪下根系，称取茎叶干物质量。从穗基部剪下穗部，统计总穗数。选取20个谷穗，测定穗长、穗粗、穗质量，然后把所测谷穗脱粒，称穗粒质量。

把剩余谷穗混合脱粒，称量。把所有谷穗籽粒混合，取500粒称量，一般重复3次，取其较为接近的2次平均，换算成千粒重。将考种数据填入表 14-2。

表 14-2　谷子室内考种数据

穗号	穗长	穗粗	穗质量	穗粒质量	千粒重
1					
2					
⋮					
19					
20					
平均					

（二）谷子产量测定

在田间调查取样的样点内，把取样后剩余的谷子收获，剪下谷穗，装入尼龙种子袋，写好标签，带回晒场晾晒，晾干后脱粒，称量。

五、作　　业

1. 计算田间测产和室内考种数据。

2. 根据测产数据，计算谷子经济产量、经济系数、谷草比、单位面积穗数、穗长、穗粗、穗质量、穗粒质量、千粒重。

经济产量（kg/hm^2）＝［样点籽粒产量（g）/样点面积（m^2）×10 000］/1 000

经济系数＝籽粒产量/地上部干物质量

谷草比＝籽粒产量/茎叶产量（包括脱粒后的谷穗）

理论产量（kg/hm^2）＝［每公顷穗数×穗粒质量（g）］/1 000

3. 根据测产数据，分析不同品种、不同栽培措施的产量构成因素与产量的关系。并结合生产实践，分析所测产地块谷子的产量水平，提出提高产量的途径和措施。

实验十五　甘薯品种形态特征与块根内部构造观察

一、实验目的

1. 熟悉甘薯的形态特征。
2. 掌握甘薯块根构造特点。

二、实验内容说明

甘薯属旋花科，为蔓生草本植物。甘薯在热带地区为多年生，能开花结实，也可用种子繁殖。但在温带地区为一年生，一般不开花结实，故多用无性繁殖。

（一）根的形态特征和种类

甘薯的根按其发育情况的不同，可分为块根、柴根（牛蒡根、梗根）和须根（纤维根、细根）（图 15-1）。须根形状细长，其上着生支根和根毛，入土可达 1 m。柴根粗度为 0.2～1.0 cm，肉质，长约 30 cm，无利用价值。块根是重要的储藏器官，形状有纺锤形、圆筒形、椭圆形、球形、块状形等（图 15-2）。块根一般有 5～6 个纵向沟纹，薯皮上着生根眼。甘薯无性繁殖的特性，主要表现在其块根能发生很多不定芽，可供繁殖之用。

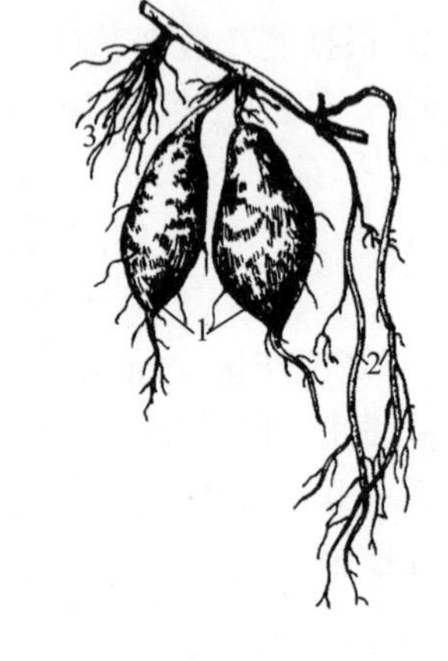

图 15-1　甘薯根的 3 种形态

1. 块根　2. 柴根　3. 须根

（引自江苏省农业科学院等，1984）

（二）块根的内部构造

甘薯的根最初与一般双子叶植物的幼根相似，由表皮、皮层、内皮层和中柱组成。中柱包括中柱鞘和 4～6 个放射状排列的原生木质部及后生木质部导管，韧皮部和形成层尚不发达。随后，在原生

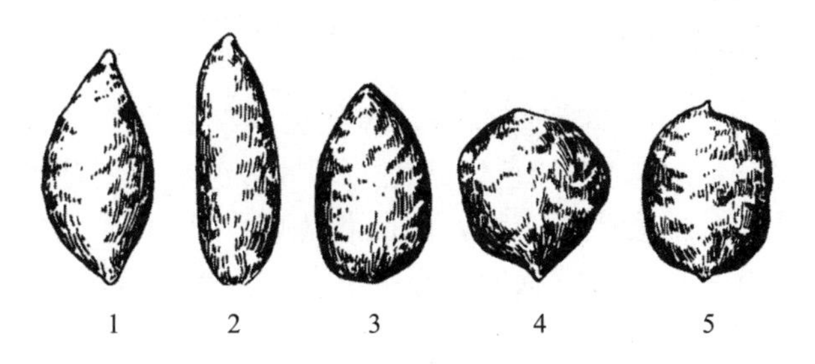

图 15-2　甘薯块根的形状

1. 纺锤形　2. 圆筒形　3. 椭圆形　4. 球形　5. 块状形

（引自江苏省农业科学院等，1984）

木质部和初生韧皮部之间出现初生形成层，并进行细胞分裂。初生形成层向外分裂的薄壁细胞分化为次生韧皮部，向内分裂的薄壁细胞分化为次生木质部。由于次生木质部增加较快，迫使初生形成层发展成一个形成层圈（图 15-3）。初生形成层分裂出的薄壁细胞逐渐增多，并在薄壁细胞内开始积累淀粉，同时出现次生形成层。先在原生木质部导管的周围出现次生形成层，后来在后生木质部导管和次生木质部导管周围也出现次生形成层。次生形成层在块根中的分布没有一定的位置，随着块根的次生形成层分布范围的扩大和活动能力的加强，分裂出大量薄壁细胞，致使块根迅速膨大。块根横切面的构造见图 15-4。

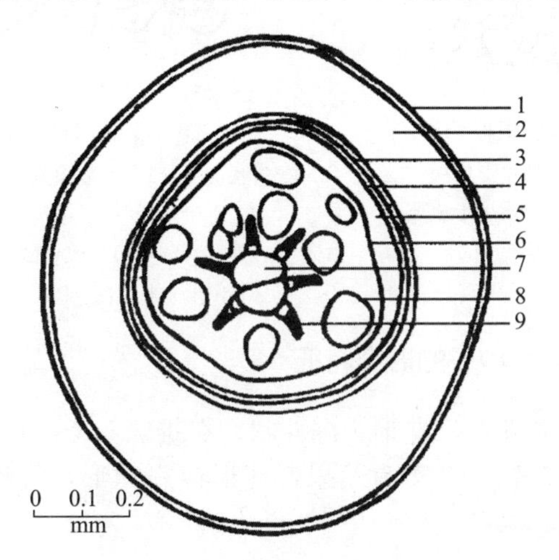

图 15-3　甘薯初生根横切面模式

1. 表皮　2. 皮层　3. 内皮层　4. 中柱鞘　5. 韧皮部

6. 初生形成层　7. 后生木质部　8. 次生木质部　9. 原生木质部

（仿自李曙轩等，1956）

(三) 茎叶的形态特征

甘薯的茎分为半直立茎和匍匐茎，茎蔓长度因品种差异较大，短的不足1 m，长的可达3 m。茎色有绿色、紫色、绿带紫色等。茎蔓可以分枝，多汁液。茎节接触土壤后能发生不定根，因此茎蔓可作扦插繁殖之用。叶为互生，有叶柄和叶片，叶片形状有掌状形、心脏形、三角形等（图 15-5）。叶柄颜色有绿色、紫色、绿中带紫色等。

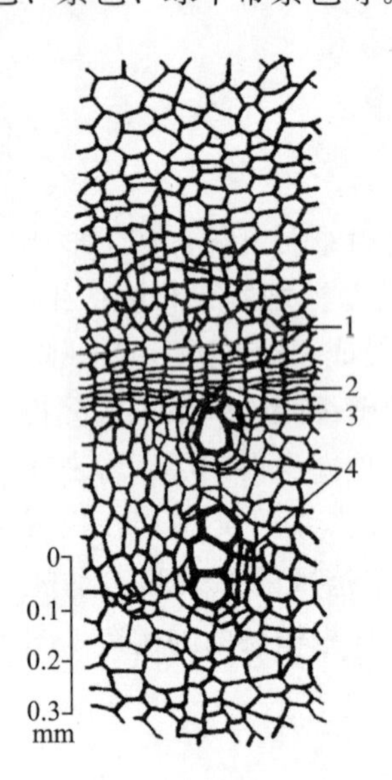

图 15-4　甘薯块根横切面

1. 韧皮部　2. 初生形成层
3. 次生木质部　4. 次生形成层
（仿自李曙轩等，1956）

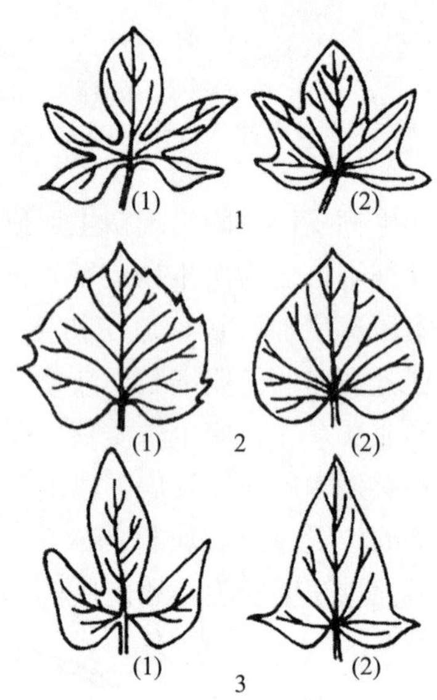

图 15-5　甘薯的叶形

1. 掌状形［（1）深复缺刻　（2）浅复缺刻］
2. 心脏形［（1）带齿　（2）全缘］
3. 三角形或戟形［（1）深单缺刻　（2）浅单缺刻］
（引自江苏省农业科学院等，1984）

(四) 花、果实和种子的形态特征

甘薯花序为聚伞花序。花形为漏斗状，有雄蕊5个，花丝长短不一；雌蕊1个，柱头球状，二裂。果实为蒴果，球形或扁球形，每果有种子1～4粒，种皮褐色。

三、实验材料和用具

1. 实验材料　实验材料为不同品种的甘薯块根、柴根、须根、薯蔓、花、果实、种子的实物，以及标本和挂图或多媒体图片。

2. 实验用具　实验用具有刀子、解剖刀、解剖针、瓷盘、直尺、计算器等。

四、实验方法和步骤

（一）甘薯 3 种根的观察

仔细观察不同品种甘薯根材料，根据标本材料比较不同根的形态特点。

（二）甘薯块根的观察

观察薯块的特征，注意薯块上的细根、根眼、薯沟、皮孔的存在位置和数量，以及细根与芽着生部位的规律性。

（三）块根内部构造观察

用刀子纵横解剖块根，以肉眼观察剖面上的结构和导管的分布状况。

（四）甘薯茎蔓的观察

观察甘薯茎蔓的形状、茸毛与不定根的发生情况；观察叶形、叶色。

（五）花、果实和种子观察

观察甘薯的花、果实和种子的形态特征。

五、作　　业

1. 对照甘薯实物和挂图，绘图表明薯沟、皮孔、芽和细根。
2. 说明甘薯块根的内部结构。

实验十六　甘薯苗床的建造和甘薯育苗技术

一、实验目的

1. 了解甘薯的繁殖特点。
2. 认识几种甘薯育苗的苗床类型。
3. 掌握甘薯育苗的技术关键。

二、实验内容说明

（一）甘薯的繁殖特点

甘薯为异花授粉作物，在生产上以无性繁殖为主。由于甘薯块根、茎蔓等营养器官的再生能力较强，并能保持良种性状，故在生产上采用块根、茎蔓等器官进行无性繁殖，其中以块根繁殖为主。甘薯块根无明显的休眠期，收获时，在薯块的根眼两旁已分化形成不定芽原基，在适当的温度下，不定芽即能萌发。

块根发芽与长苗受内外因素的影响，主要包括品种、薯块的来源、薯块的大小及部位。皮薄的品种，薯块与外界的水分和空气交换更容易，发芽、长苗较快。根眼多的品种发芽、长苗较多，反之则较少。薯块大的发苗较多，薯块上部和收获时的向阳部位发芽一般较多。夏薯出苗快而多，春薯则相反。经高温处理储藏的种薯出苗快而多，在常温下储藏的种薯出苗慢而少。受冷害、病害、水淹和破皮受伤的种薯出苗慢而少。

（二）甘薯育苗的目标

甘薯育苗的目标是培育壮苗。壮苗的特征是叶片肥厚，叶色较深，顶叶齐平，节间粗短，剪口多白浆，秧苗不老化又不过嫩，根原基多而粗大，不带病菌，苗高约 20 cm，百株鲜物质量约 500 g。

（三）甘薯苗床类型

我国北方早春气温较低，采用苗床加温育苗，能延长甘薯生长期，提高产量。苗床的形式多种多样。依据热源不同，我国北方的主要苗床类型有回笼火炕、酿热温床、电热温床和塑料薄膜冷床，其主要特点如下。

1. 回笼火炕　此种苗床以煤、柴草等燃料为热源。一般设有3条烟道，中间为去烟道，两边是回烟道。其特点是床面温度均匀，保温性能好，但是成本略高。

2. 酿热温床　此类苗床利用微生物分解酿热物而发酵生热为热源。这种苗床酿热物是新鲜的驴粪、马粪和秸秆。苗床基面的中央平滑凸起，靠近南墙基面较深，便于积蓄较多酿热物，靠近北墙基面较浅，积蓄酿热物较少，这样，酿热物转化产生的热会保证床面温度均匀。其优点是可以就地取材，经济实用，成本较低。其缺点是温度较难控制。

3. 电热温床　此类苗床由电能转化的热源供热。在床基面上加装电热线即为电热温床。其优点是温度调控准确，但是成本较高。使用时要注意安全，防止触电。

4. 塑料薄膜冷床　此类苗床以太阳能作为热源。在苗床上方依据太阳高度角，按照最佳采光覆盖塑料薄膜加热苗床。其特点是经济实用，但是要严防破膜。

以上苗床也可以结合使用，形成保温、调温、控湿的多保险苗床。苗床要选择背风向阳、排水良好、靠近水源、无薯病的土壤和管理方便的地方。

（四）甘薯育苗的技术关键

1. 建造苗床　具体方法步骤参照《作物栽培学各论》（北方本）的甘薯苗床建造相关内容。

2. 种薯处理和排放

（1）选薯和种薯处理　选用具有本品种特征，鲜嫩、无病、无伤、未受冻害，生活力强的中等大小薯块作种薯最好。为了灭菌防病，排薯前先进行种薯处理，方法是：用51～54 ℃温水，保温浸泡薯块10～12 min，或用50%的代森锌200～400倍液冷浸10 min，对黑疤病有较好的防治作用。或用50%多菌灵可湿性粉剂800倍液浸种10 min，防治黑斑病。

（2）适时育苗　当气温稳定在7～8 ℃时，可开始育苗。种薯上床后经30 d左右即可开始采苗栽插。

（3）床土配制　床土用无甘薯病害的腐熟圈粪、肥土、沙子各1份，晒干，打碎，过筛混匀，填入苗床，厚度为10～20 cm，用脚踏紧。酿热物多用马粪或1份马粪2份麦糠的比例混合配制而成。填入床土后，撒施尿素50 g/m^2，以促使薯苗生长。

（4）排放种薯　排薯的方式有平排和斜排两种。斜排省苗床，能充分发挥顶端优势，增加头茬苗数，有利于早栽增产，单位面积出苗数多。这种方式一般用于酿热温床。平排薯苗健壮，单位面积出苗数少，一般用于塑料薄膜温床。甘薯的顶部和阳面出苗数较多，苗壮。因此排薯时要注意头部阳面向上，尾部和阴面向下，做到"上齐下不齐"，使出苗高度整齐。用斜排法时，种薯头尾相压不超过1/4。要分清头尾，切勿倒排，一般排种密度为20～25 kg/m²。

（5）覆盖、浇水和盖膜　排放好的薯块，彼此间有一定缝隙，要用营养土填充实。然后浇水，以蓄积足够的水分。种薯上覆盖的营养土厚度，一般约3 cm，以盖住薯层不露出薯块为宜。然后在床面上造拱架及坡架盖膜。

3. 苗床管理

（1）排放种薯至出苗的管理　在排种薯前烧火加热、通电提温或加盖薄膜增温，使床土温度上升到32 ℃左右时排放种薯。排薯后保持32 ℃的床温，经4 d后，种薯开始萌芽，再使床土温度上升到35～36 ℃，最高不超过38 ℃，保持3～4 d，使种薯产生抗病物质甘薯酮，抑制黑斑病病菌的浸染。然后，将床温降到31 ℃左右，直至出苗。种薯上床后浇足水分，一般在幼芽拱土前不浇水，如果床土干旱，可浇小水。在种薯出苗前一般气温较低，要封严薄膜，并在16:00后盖上草帘保温，在7:00—8:00揭去草帘，晒床提温。刚拱土的幼芽易受烈日灼伤，可利用早晨和傍晚的弱光晒床，当叶片发绿时，才可全日晒苗。

（2）出苗后的管理　种薯出苗后，把床温降到28 ℃左右。当苗高约10 cm时，根系比较发达，叶片开始增大，秧苗生长加快，把床温降到25 ℃左右，结合揭开草帘晒苗，促使秧苗生长粗壮。出苗以后，在9:00左右，膜内气温超过35 ℃时，要注意通风降温，防止烈日烤苗。夜间气温较低时，应加盖草帘保温。随着秧苗生长，叶片增多，蒸发量提高，一般每天要浇1次水，以保持床土湿润。

（3）采苗前管理　为了锻炼秧苗，采苗前2～3 d把床温降到20 ℃左右，停止浇水，进行蹲苗。并注意逐渐揭膜炼苗，防止嫩叶枯干。

（4）采苗和采苗后的管理　当苗高达20 cm以上时，要及时采苗，以免影响下一茬的采苗数量。采苗当天不浇水，以利种薯伤口愈合。为了防止小苗萎蔫，采苗后可少量喷水。在采苗后1 d，结合浇水施尿素50 g/m²催苗。再盖上薄膜，夜间加盖草帘，使床温升到32～35 ℃，促使秧苗生长，经过3～4 d后，又转入低温炼苗阶段。

4. 采苗圃　采苗圃是利用茎叶繁殖培育夏薯苗的主要措施。采苗圃应选择水浇肥地，在冬前施足基肥后深耕细耙。春季复耕，并耙地做畦。畦宽为

120 cm，畦长依地形而定，畦面要整平。在 4 月底前后栽苗，行距约为30 cm，株距约为 13 cm。栽苗返青后，中耕松土，促使根系发展。麦收前 20 d 左右，追施尿素 300 kg/hm^2 后浇水，以后每隔 4～5 d 浇水 1 次，促使秧苗生长。一般 1 hm^2 采苗圃可供 10～15 hm^2 夏薯的秧苗。

5. 脱毒甘薯苗培养技术（选学内容）　脱毒甘薯苗栽插后返苗快，封垄早，茎节粗短，叶片肥厚；结薯早，膨大快，薯块整齐，薯皮光滑，商品率高，产量一般提高 20%～40%。

（1）脱毒培养　每个优良品种选 6～10 块种薯，清洗干净，放入培养箱或蛭石里，保持温度 28～30 ℃，以促其发芽。当幼苗长到 30 cm 时，取茎尖 2～3 cm，先用 0.1%洗衣粉水溶液搅洗 5～10 min，再用自来水冲洗 30 min。在超净工作台上，用 70%酒精浸泡 30 s，再用 2.5%～5.0%次氯酸钠溶液消毒 7～10 min，再用无菌蒸馏水冲洗 3～4 次。在解剖镜下取其茎尖 0.2～0.4 mm，接种到试管中培养。采用加激素的 MS 培养基，pH 为 5.7。在光照度为 1 000～1 600 lx 和 28 ℃条件下培养 5～11 d 后，转入不加激素的 1/2 MS 培养基，在每天照光 16 h，光照度为 3 000 lx，温度 28～30 ℃，相对湿度 40%～60%条件下，培养茎尖成苗。2 个月后，苗长到 2～3 叶时，取其叶片，用血清学方法进行病毒鉴定，除去感染苗，得到初级脱毒试管苗。

（2）病毒初鉴定　采用血清学方法，每苗剪取 2 片叶，在血清提取液缓冲剂中（0.6 mol/L 磷酸缓冲剂液）均质化，调 pH 到 7.4，用酶联免疫吸附试验的方法进行病毒鉴定。也可用双向聚丙烯酰胺凝胶电泳技术鉴定。

（3）初级苗培养　2 个月后，待苗高 7～10 cm 时，进行单节茎段繁殖，和茎尖一样培养，转管移入新的培养基，30 d 后即形成多个株系。

（4）指示植物嫁接病毒检测　待多个株系长到 7 cm 以上时，每个株系取 3 管。检测前 5～7 d 逐渐驯化，并移植到经过消毒的蛭石或河沙土盆里，温度保持 20～28 ℃，湿度为 75%～85%。成苗后，将茎或叶柄嫁接到有 1～2 片真叶的巴西牵牛幼苗上，套上塑料袋，4 d、14 d 时监测病毒。如叶片出现症状，再用血清学方法确认。淘汰带毒苗后获得中级脱毒试管苗。

（5）中级和高级脱毒试管苗培养　脱毒苗可转移到防虫温室或网室内，进行农艺性状鉴定，选出最优者，繁殖生产用高级脱毒薯。高级脱毒苗在防虫温室或网室中，以苗繁苗并诱导结薯，以求在短期内获得较多的高级脱毒苗或核心原种。

（6）脱毒良种生产　用脱毒原种育苗，在无病田块上种植夏薯，收获的种薯为一级良种。即为大面积生产用种，第二年大田生产的夏薯留种为二级良种，第三年为纯商品薯，不能再作种薯。

三、实验材料和用具

1. 实验材料 实验材料为甘薯苗床现场，甘薯不同苗龄的薯苗。

2. 实验用具 实验用具有直尺、天平、放大镜、温度计、湿度计等。

四、实验方法和步骤

1. 观摩 教师现场讲授甘薯育苗的技术环节和技术关键。学生在教师的引导下，系统参观各类型甘薯苗床，观察各类型甘薯苗床的结构特点，掌握甘薯育苗调温、控湿原理与方法。

2. 观察测定 观察不同苗龄薯苗特征，并测定其苗高、100 株苗鲜物质量、根眼数目、苗床温度和湿度，以此评价苗床管理技术和薯苗素质。

五、作　　业

1. 绘出所参观的苗床示意图，并指出其优缺点。
2. 评价所观察的薯苗素质，并提出育苗技术的改进意见。

实验十七　马铃薯形态特征观察

一、实验目的

熟悉马铃薯地上部和地下部的形态特征及块茎的解剖构造。

二、实验内容说明

马铃薯属茄科茄属一年生草本植物。马铃薯植株可分为根、茎、叶、花、果实和种子几部分。

（一）根

由马铃薯块茎繁殖所发生的根系为须根系，由芽眼根（初生根）和匍匐根（后生根）组成。芽眼根是位于初生芽的基部靠近种薯处短缩在一起的 3～4 节上发生的不定根。匍匐根是发生于地下茎的上部各节上陆续形成的不定根，一般每节上发生 3～6 条，呈丛生状。由种子繁殖的马铃薯实生苗，其根系属于直根系，有主根与侧根之分。

（二）茎

马铃薯的茎因其部位和作用的不同，分为地上茎、地下茎、匍匐茎和块茎 4 种类型。

1. 地上茎　块茎芽眼萌发的幼芽发育形成的地上枝条称为地上茎，简称茎。栽培种大多直立生长。茎上有三棱、四棱或多棱，棱有突起的翼，有直翼或波状翼，翼是识别品种的重要特征之一。地上茎上产生分枝。

2. 地下茎　块茎芽眼萌发所形成茎的地下结薯部位为地下茎。其表皮光滑，无色素层，横切面近圆形。由地表向下至母薯，由粗逐渐变细。地下茎的节数一般比较固定，大多数品种为 8 节，个别品种也有 6 节或 9 节的。在播种深度和培土高度增加时，地下茎节数可略有增加。

3. 匍匐茎　匍匐茎是地下茎节上的腋芽水平生长而成的侧枝，其顶端膨大形成块茎。匍匐茎一般为白色，也有的品种呈紫红色。匍匐茎发生后，略呈水平方向生长，其顶端呈钥匙形的弯曲状（图 17-1），长度一般为 3～10 cm。正常情况下匍匐茎的成薯率为 50%～70%。

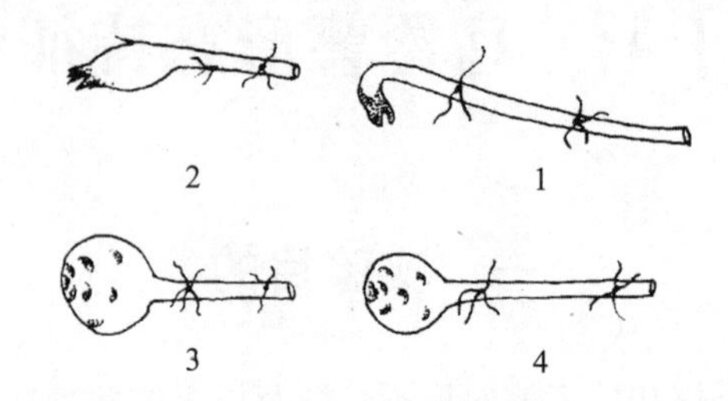

图 17-1　马铃薯匍匐茎形成及膨大过程

1. 匍匐茎伸长　2. 匍匐茎顶端开始膨大　3. 块茎开始增长　4. 块茎形成

（引自王树安，1995）

4. 块茎　马铃薯块茎是匍匐茎末端膨大而成的变态茎。块茎具有地上茎的各种特征。块茎膨大后，鳞片状小叶凋萎脱落，残留叶痕呈新月状，称为芽眉。芽眉内侧表面向内凹陷成为芽眼。芽眼呈 2/5、3/8 或 5/13 的螺旋状排列，顶端芽眼密，基部芽眼稀（图 17-2）。每个芽眼内有 3 个或 3 个以上未伸长的芽，中央较突出的为主芽，其余的为侧芽（或副芽）。

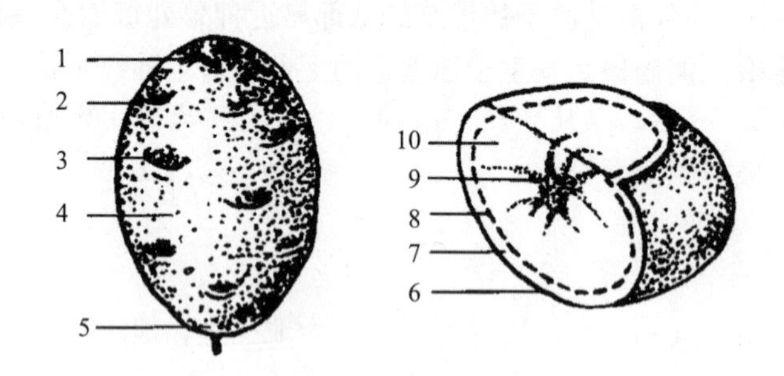

图 17-2　马铃薯的块茎

1. 顶部　2. 芽眉　3. 芽眼　4. 皮孔　5. 脐部

6. 周皮　7. 皮层　8. 维管束环　9. 内髓　10. 外髓

（引自金善宝，1991）

块茎的形状有圆形、长筒形、椭圆形等基本形状。在块茎形成过程中，若高温及干湿交替的环境出现，就会使块茎发生二次或三次生长，出现畸形。块茎皮色有白色、黄色、红色、紫色、淡红色、深红色、淡蓝色等，肉色有白色、黄色、红色、紫色、蓝色等，还有的薯肉中的色素分布不均匀。块茎的皮色和肉色是鉴别品种的重要依据之一。马铃薯块茎表面有许多小斑点，称为皮孔（或称皮目）。皮孔的大小和多少因品种和栽培条件而异，并可使块茎表皮光滑或粗糙，影响商品品质。块茎的解剖结构自外向里包括周皮、皮层、维管束环、外髓和内髓（图 17-2）。

（三）叶

马铃薯无论是用种子还是用块茎繁殖，最初发生的几片叶均为单叶，以后逐渐长出奇数羽状复叶。用种子繁殖时，首先生出 1 对子叶，以后陆续出现 3～6 片互生单叶或不完全复叶，第 6～9 片真叶以后为复叶。用块茎繁殖时，第 1 片叶为单叶，第 2～5 片为不完全复叶，从第 5 或第 6 片叶以后均为奇数羽状复叶。每个复叶由顶生小叶和 3～7 对侧生小叶、小裂叶和复叶叶柄基部的托叶构成（图 17-3）。

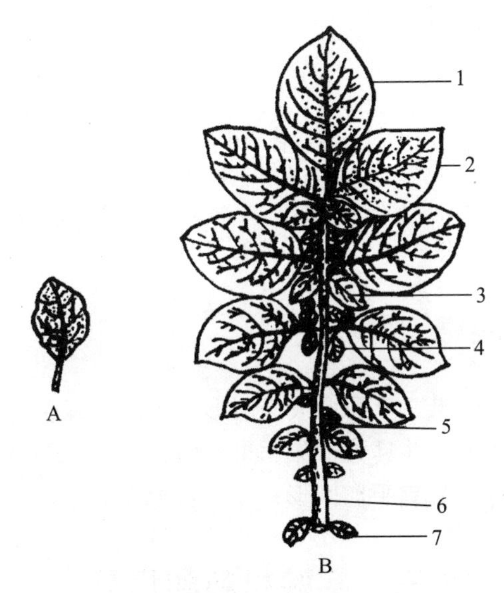

图 17-3　马铃薯叶片

A. 单叶（初生叶）　B. 复叶

1. 顶生小叶　2. 侧生小叶　3. 小裂叶　4. 小细叶　5. 中肋　6. 叶柄　7. 托叶

（引自金善宝，1991）

（四）花序

马铃薯花序为聚伞花序。每个花序有 2～5 个分枝，每个分枝上有 4～8 朵花。在花柄的中上部有 1 个突起的离层环，称为花柄节，是花、果脱落的部位。花冠合瓣，基部合生成管状，顶端五裂，有白色、浅红色、紫红色、蓝色等。雄蕊5枚，合抱中央的雌蕊，花药有淡绿色、褐色、灰黄色、橙黄色等。雌蕊1枚，着生在花的中央。子房上位，由2个连生的心皮构成，中轴胎座，胚珠多枚（图17-4）。

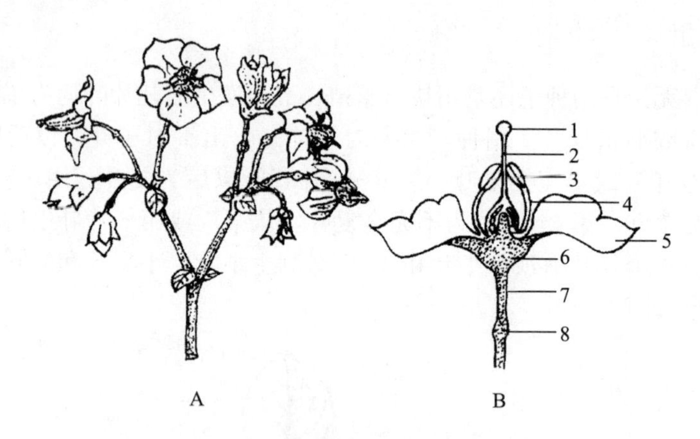

图17-4 马铃薯的花序与花的构造
A. 花序 B. 花的构造
1. 柱头 2. 花柱 3. 花药 4. 花丝 5. 花瓣 6. 花萼 7. 花柄 8. 花柄节
（引自金善宝，1991）

（五）果实与种子

马铃薯的果实为浆果，呈圆形或椭圆形，果皮为绿色、褐色或紫绿色。果实成熟后多变成乳白色，并具芳香味。果实内含100～250粒种子。种子很小，千粒重为0.5～0.6 g，呈扁平卵圆形，淡黄或暗灰色。

三、实验材料和用具

实验材料和用具包括不同品种、不同形状的马铃薯块茎，马铃薯完整植株材料，叶、花、果实的标本、挂图，以及切刀。

四、实验方法和步骤

取马铃薯的完整植株（包括地上部茎叶、地下部块茎）及花、果实、种子等的新鲜或干制标本，仔细观察其形态特征，根据所观察的新鲜实物或标本作图，并写出各部位的名称。

五、作　　业

1. 绘图说明马铃薯地下部（包括地下茎、匍匐茎、块茎及根）各器官的着生情况。

2. 绘块茎图，并注明顶部、脐部、芽眉、芽眼和皮孔。

3. 观察马铃薯块茎横切面，绘图说明其构造。

实验十八　大豆形态特征观察和类型识别

一、实验目的

1. 熟悉大豆各器官的形态特征，认识大豆结荚习性的各种类型。
2. 了解根瘤的形成及形态特征。
3. 学习识别大豆结荚习性的方法。

二、实验内容说明

（一）大豆形态特征

栽培大豆属于豆科蝶形花亚科大豆属。大豆的植株由根、茎、叶、花、荚和种子构成。

1. 根　大豆根系属于直根系，由主根、侧根和根毛 3 部分组成。主根由种子中的胚根伸长而成。侧根是由主根产生的分支，可以有三级侧根、四级侧根等。大豆主根可深扎到 120～130 cm 深的土壤中，侧根水平扩展可达 40～50 cm 或以上，与相邻株的豆根交织，其后即急转向下生长。

2. 根瘤　大豆根瘤是由大豆根瘤菌在适宜的环境条件下侵入根毛后产生的。根瘤近圆形或卵圆形。根瘤初期为绿色，逐渐变成粉红色，发育后期变为褐色。根瘤直径一般为 4～5 mm，也有直径达 1 cm 左右的。根瘤主要着生在分布于 5～20 cm 耕层土壤的部分根上。

3. 茎　大豆的茎包括主茎和分枝。大豆栽培品种有明显的主茎，近圆柱形，稍带棱角。大豆幼茎有绿色和紫色两种，是苗期鉴定品种的主要标志之一。绿茎开白花，紫茎开紫花。茎上被有茸毛，茸毛有灰白色和棕色两种。株高为 30～150 cm，一般为 50～100 cm。主茎一般具有 12～22 个节。下部节间短，上部节间长。节间长短是衡量植株生育状况的重要标志，节间过长应视为徒长的指标。节是叶片和花荚在茎上着生的位置，每个节上着生 1 片叶，每个叶腋都有腋芽。腋芽分为枝芽和花芽，枝芽发育成分枝，一般在植株的下部；花芽发育成花序。分枝的多少除与品种特性有关外，还与密度、肥水条件有关，在稀植和肥水充足的条件下分枝多，相反则少。植株成熟时茎呈现出品种固有颜色，有淡褐色、褐色、黑褐色、淡紫色等。按主茎生长形态不同，大豆可分为蔓生型、半直立型和直立型3种。按分枝与主茎、茎与叶柄开张角度大小，大豆株型可分为开张型（>45°）、中间型（45°～15°）和收敛型（<15°）。

4. 叶　大豆属于双子叶植物。大豆叶有子叶、单叶、复叶之分。子叶（豆瓣）出土后展开，经阳光照射即出现叶绿素，可进行光合作用。在出苗后10～15 d内，幼苗的生长主要靠子叶所储藏的营养物质和子叶的光合产物提供养分。子叶展开后约3 d，随着上胚轴伸长，第2节上先出现2片单叶，第3节上出生1片三出复叶。

大豆复叶由托叶、叶柄和小叶3部分组成。托叶1对，小而狭，位于叶柄和茎相连处两侧，有保护腋芽的作用。大豆植株不同节位上的叶柄长度不等，下部叶柄最短，由下向上叶柄逐渐变长，中上部最长，上部几节又逐渐变短。这对于复叶镶嵌和合理利用光能有利。大豆复叶的各个小叶以及幼嫩的叶柄能够随日照而转向。大豆小叶的形状、大小因品种而异。小叶的叶形可分为椭圆形、卵圆形、披针形、心脏形等。有的品种的叶片形状、大小不一，下部叶圆，中部叶片最大且较圆，上部叶片逐渐细长，这有利于群体中下层叶片受光。叶片寿命为30～70 d。下部叶片变黄脱落较早，寿命最短。上部叶片寿命也比较短，因出现晚却又随植株成熟而枯死。中部叶片寿命最长。

5. 花　大豆花序为总状花序。大豆的花由苞片、花萼、花冠、雄蕊和雌蕊组成。苞片2个，很小，成管形。花萼在苞片里面，由5个萼片组成，基部合成筒形，顶部分成五裂状，呈绿色。花冠在花萼内部，由1个旗瓣、2个翼瓣和2个龙骨瓣组成，有白色和紫色两种颜色。在花冠内部有10枚雄蕊，其中9枚的花丝连成管状，1枚分离，花药着生在花丝顶端。雌蕊1枚，由1心皮组成。雌蕊由球形柱头、弯曲花柱和一室的子房3部分组成，外壁附有表皮毛和腺毛。

6. 荚　大豆的荚由胚珠受精后的子房发育而成。荚的形状有直形、弯镰形和不同程度的微弯镰形。一般栽培品种每荚含2～3粒种子，也有少数含4～5粒种子的荚。成熟的荚有黄色、灰褐色、褐色、深褐色以及黑色等颜色的区别。

7. 种子　大豆种子由种皮、子叶和胚组成。种皮由珠被发育而成。种皮的外侧有明显的脐。脐的上部有1个凹陷小点，称为合点。脐的下端有1个小孔，称为种孔。当种子发芽时，胚根从种孔伸出。大豆种子形状有圆形、椭圆形、扁圆形、长椭圆形和肾脏形5种。栽培品种百粒重多在14～22 g。大豆种皮的颜色，一般分为黄色、青色、褐色、黑色和双色5种。大豆的脐色有黄色、淡褐色、褐色、深褐色和黑色。

（二）大豆的结荚习性

根据大豆的开花顺序、花荚的分布及着生状态、植株形状等特征特性，可将大豆结荚习性划分为3种类型：无限结荚习性、有限结荚习性和亚有限结荚习性。

1. 无限结荚习性 无限结荚习性的大豆茎秆尖削，始花期早，花期较长。开花顺序由下向上，由内向外。始花后，茎继续伸长，叶继续分生。主茎和分枝顶部叶小，结荚分散，基部荚不多，顶端只有1～2个小荚或无荚。多数荚分布在植株中部和中下部，每节一般着生2～5个荚。

2. 有限结荚习性 有限结荚习性的大豆主茎和分枝粗壮，始花期较晚，花期较短。主茎生长高度接近成株高度前不久，才在茎的中上部开始开花，然后向上、向下逐步开花。在开花后不久，主茎顶端出现1个大花簇，以后即不再向上生长。顶部叶片较大，顶端常形成一簇几个甚至十几个豆荚。豆荚多分布于植株中上部。

3. 亚有限结荚习性 亚有限结荚习性介于上述二者之间而偏于无限结荚习性。植株较高大，主茎较发达，开花顺序由下而上，主茎结荚较多，顶端有几个荚。

三、实验材料和用具

1. 实验材料 实验材料为不同结荚习性类型、不同生育时期的大豆植株及相应的多媒体图片（或挂图）。

2. 实验用具 实验用具有尺子、镊子、放大镜等。

四、实验方法和步骤

1. 幼苗的观察 取典型的大豆幼苗，对照多媒体图片（或挂图），熟悉大豆幼苗的形态结构，认识幼苗的主根、侧根、根瘤、主茎、子叶、单叶和复叶，注意各个器官的相互关系。注意观察主茎叶片的位序（主茎节位）。第1节对生的是子叶，此节也称为子叶节。第2节对生的是单叶。第3节及以上节位叶片为互生的三出复叶。叶龄较大时或生育中后期，下部叶往往变黄脱落，主茎节位依子叶节的位置确定，下部第1个对生节即为子叶节。

2. 幼苗复叶数目与主茎颜色等性状的关系 取复叶数目为1、3、5个的大豆幼苗，观察主茎的颜色、根瘤的颜色、大小和数量。

3. 结荚习性的观察 于初花期选定3种不同结荚习性类型的植株各5株，

定期观察各结荚习性的开花时间、开花顺序及结荚特点，对照多媒体图片（或挂图），认识各种结荚习性类型。

4. 株高和叶片长宽的测定　选定3种不同结荚习性的大豆植株各5株，逐株测量主茎的高度（指子叶节到生长点的距离，即株高）、主茎叶片数及叶片的长度和宽度。取平均值填入表18-1，并进行比较。

表18-1　不同结荚习性的株高和叶形调查

结荚习性	株高（cm）	主茎叶长/宽（cm）																			
		1	2	3	4	5	6	7	8	9	10	11	12	13	14	15	16	17	18	19	……

五、作　　业

1. 认真观察大豆植株的外部形态，并指出各部分的名称。

2. 选取属于3种不同结荚习性的大豆植株，进行定株观察。按表18-2所列项目，逐项观察记载。最后根据观察结果，确定各品种分别属于哪种结荚习性类型。并简述3种结荚习性品种的主要区别。

表18-2　大豆品种类型鉴别

项　目	品　种					
	品种1	品种2	品种3	品种4	品种5	……
始花时间						
始花部位						
花的颜色						
顶端荚数						
主茎高度						
顶叶大小						
主茎特点						
荚　　色						
茸毛颜色						
种皮颜色						
种脐颜色						
结荚习性						

实验十九　大豆成熟期测产和考种

一、实验目的

1. 学习大豆产量测定和考种的标准与方法。通过测产，掌握大豆生产水平，通过考种，评定大豆新品种的优劣，明确栽培措施的作用。

2. 学会利用所测定的数据，分析本地块的产量形成特点。

二、实验内容说明

在大豆成熟前后，为了掌握当年的大豆生产水平，生产管理人员常常进行田间测产和考种。考种即对作物品种或试验处理的各种农艺性状进行综合性调查。培育一个新品种，需要了解它的各种特征特性，以便有目的、有针对性地进行选择利用和淘汰。采用一项新的栽培措施，要了解它对产量的影响表现在哪些因素上，以便更确切地知道该措施的作用，并从中总结出规律。

大豆测产一般采用 2 种方式，一是实测产量，二是根据产量构成因素来计算理论产量。一般种植面积较小的小区试验采取实测产量，种植面积较大的生产田主要根据产量构成因素计算理论产量。大豆的产量构成因素是单位面积株数、单株荚数、每荚粒数、单粒质量。

三、实验材料和用具

1. 实验材料　实验材料为大田种植的大豆。

2. 实验用具　实验用具有皮尺、钢卷尺、电子天平、种子袋、标签、麻绳等。

四、实验方法和步骤

（一）田间测产

1. 实测法　大豆成熟时，每小区全区收获或去掉四周，取一定面积。例如行长 5 m、行距 0.6 m 的 5 行小区，可取中间 3 行、行长 3 m 测产，测产面积为 5.4 m^2。将各小区所取植株分别打捆挂签、放于晒场，植株风干后脱粒。分别称量各小区产量，计算出单位面积的产量。

2. 理论产量计算法

（1）选点取样　因为测产是取一部分地块上的产量来代表全田的水平，所以选点非常重要。选点一定要有代表性，测出的数据应能反映出整个田间的真实性，不能带有任何偏见。要根据测定地块面积的大小来确定取样点数、取样面积。测定地块面积大就要多选几点，面积小可少取几点。如果取 3 点，可采用三角形取样法。取 5 点可采用对角线取样法。面积大可取 9 点，采用棋盘式取样法（图 19-1）。每点可取 2 m^2。

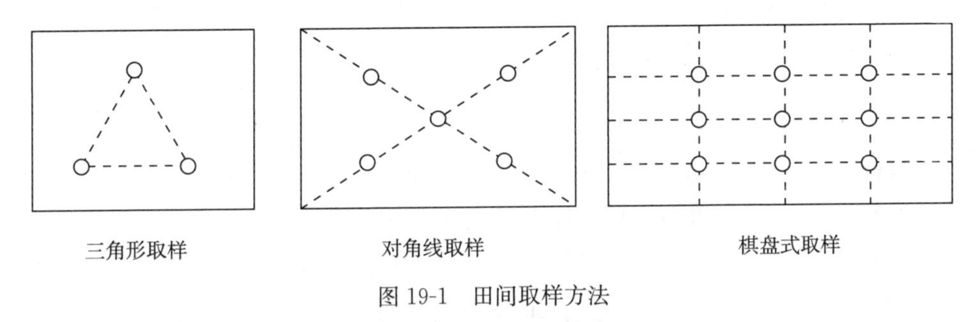

图 19-1　田间取样方法

（2）测产　样点确定以后，具体测定可在田间进行，也可取回室内实测。

①田间测产：例如有一块大豆高产田，测产采取对角线取样，取 5 点，每点取 2 m^2 ［2 行×0.6 m（垄距）×1.67m（行长）］。数出每点的株数，根据 5 点的结果算出平均株数。在最接近平均值的行内连续取出有代表性的植株 10 株，分别数出单株粒数，再根据该品种的百粒重，即可计算出单位面积的理论产量，即

$$\text{大豆产量（kg/hm}^2\text{）}=\frac{\text{株数/m}^2\times\text{单株粒数}\times\text{百粒重（g/百粒）}\times 10\,000\text{（m}^2\text{/hm}^2\text{）}}{1\,000\text{（g/kg）}\times 100\text{（粒/百粒）}}$$

②室内测产：将选取的取样点上所有植株拔出并带回室内，把植株晒干脱粒，分别称量各点的籽粒质量，然后计算出单位面积的产量。

（二）考种

1. 取样　在每品种或每小区有代表性地段连续取 10 株植株。

2. 考种项目　调查的具体项目要根据试验目的确定。选育新品种考种的项目比较多，要对试验材料的各种特征特性进行全面的考核。栽培试验考种的重点，应放在措施实施可能影响的性状上。一般大豆考种项目有：株高、主茎

节数、有效分枝数、主茎节间长度、底荚高度、单株荚数、单株粒数、每荚粒数、单株荚质量、单株粒质量、单株茎质量、百粒重、瘪荚数、虫食粒率、褐斑粒率等。单株荚数还可细化为一粒荚数、二粒荚数、三粒荚数、四粒荚数及瘪荚数。

3. 考种标准及方法

（1）株高　自子叶节至主茎顶端生长点的长度（cm）为株高。

（2）主茎节数　主茎上的节总数为主茎节数。

（3）分枝数　分枝数一般指有效分枝数，即有2个节以上且结荚的分枝的数目。

（4）底荚高度　自子叶节至主茎最下部荚的长度（cm）为底荚高度。

（5）主茎节间长度　株高（cm）除以节数即为主茎节间长度。

（6）单株荚数　单株荚数即一株上的总荚数，其中可分一粒荚、二粒荚、三粒荚、四粒荚及瘪荚，可算出各类荚所占比例。

（7）单株粒数　单株粒数即一株上的总粒数。可直接数出，也可先把荚按每荚粒数分开，通过各类荚数算出总粒数。当需要调查一粒荚、二粒荚、三粒荚、四粒荚、瘪荚数及各自所占比例时，采取后一种方法更为简便。

（8）每荚粒数　每荚粒数即平均每荚的籽粒数，可用单株粒数除以单株荚数求得。

（9）单株粒质量　每株脱粒后的籽粒质量（g）。

（10）百粒重　称取3份100粒籽粒的质量，求其平均值（g）即为百粒重。

五、作　　业

1. 用实测法和理论产量计算法进行大豆田间测产，比较两种测产方法的产量差异。

2. 选取3个大豆品种取样考种。测定株高、主茎节数、有效分枝数、主茎节间长度、底荚高度、单株荚数、单株粒数、每荚粒数、单株荚质量、单株粒质量、单株茎质量、百粒重等。分析比较各品种的结荚特点与产量的关系。

实验二十　花生形态特征观察与4种类型的识别

一、实验目的

1. 认识花生器官的形态特征。
2. 掌握区分花生类型的依据，识别花生的4大类型。

二、实验内容说明

(一) 花生形态特征

1. 种子　成熟种子的外形，一般是子叶端钝圆或较平，胚端较突出。胚根与子叶的着生方向相反，与种子的纵轴成一直线。种子的形状可以分为三角形、桃圆形、圆锥形和椭圆形4种（图20-1）。

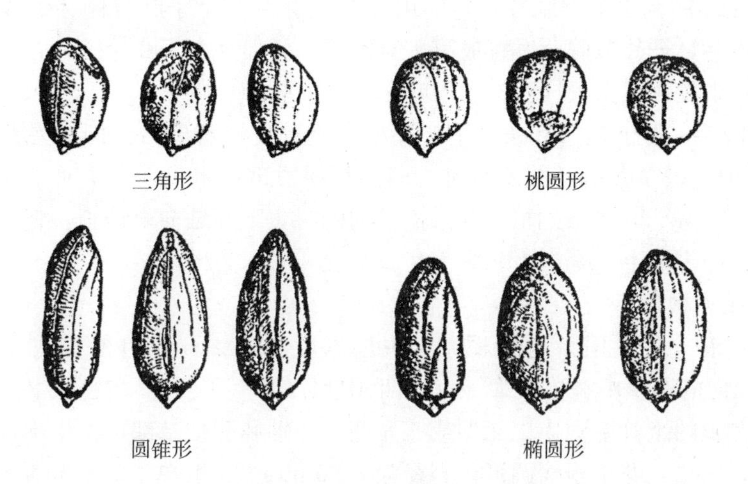

图20-1　花生种子形状
（引自中国农业科学院花生研究所，1963）

种子由种皮和胚两部分组成，胚由胚芽、胚轴、胚根及子叶4部分组成（图20-2）。

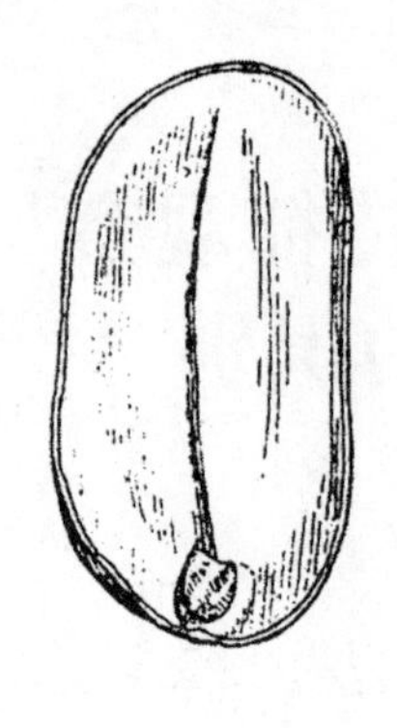

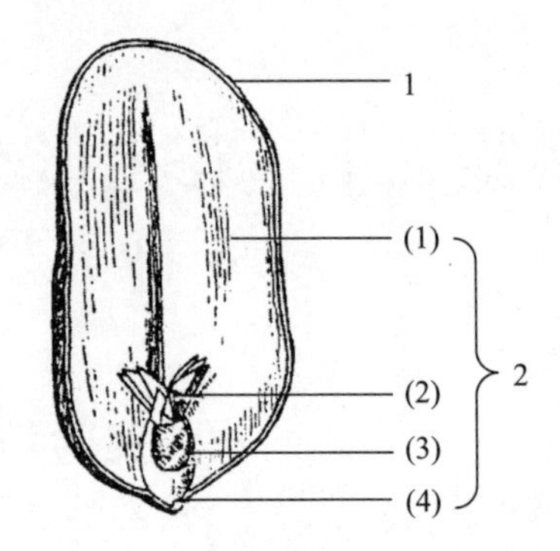

图 20-2　花生种子的构造

1. 种皮　2. 胚［（1）子叶　（2）胚芽　（3）胚轴　（4）胚根］

（引自山东省花生　研究所，1982）

种皮颜色以收获后晒干剥壳时的色泽为标准，大体可分为紫色、浅褐色、紫红色、紫黑色、红色、深红色、粉红色、淡红色、淡黄色、红白色相间、白色等，以粉红色品种最多。种皮色泽一般不受栽培条件影响，是区分花生品种的特征之一。

花生的 2 片子叶肥厚，乳白色，富含蛋白质、脂肪等营养物质，其质量占种子质量的 90%以上。胚芽白色，由 1 个主芽及 2 个子叶节侧芽组成。主芽发育成主茎，子叶节侧芽发育成第 1 对侧枝。胚根突出于 2 片子叶之外，呈短喙状，将来发育成主根。胚根和子叶之间为下胚轴。

2. 幼芽　种子在适宜条件下，胚根突破种皮，露出白尖即为发芽。通常以胚根伸长≥3 mm 作为发芽标准。萌芽后胚根迅速生长，出土时主根长度可达 20～30 cm，30 多条侧根。胚根生长的同时，下胚轴向上伸长，将子叶推向地表。子叶一般不完全出土。第 1 片真叶展开时即为出苗。

3. 根和根瘤

（1）根　花生根系为直根系，主根深度可达 2 m，但根群主要分布在 30 cm 以内的土层中。主根维管束为四元型，4 列一次侧根在主根上呈十字形排列，侧根的维管束则为二元型或三元型。胚轴和侧枝基部可发生不定根。

（2）根瘤　花生根瘤圆形，直径为 1～5 mm，一般单生，多数着生在主根上部和靠近主根的侧根上，下胚轴上亦能形成根瘤。主根上部和靠近主根的侧根上的根瘤较大，固氮能力较强。根瘤外表灰白色，内部为粉红色、白色、绿色等，一般认为绿色根瘤不能进行固氮活动，为无效根瘤；粉红色根瘤的汁液内含豆血红蛋白，是根瘤菌固氮活动的必要条件。花生生育时期不同、生育状况不同，根瘤的颜色会有所变化。

4. 茎和分枝

（1）主茎　花生主茎直立，幼苗截面圆形，盛花后中上部茎呈棱角状；全茎具15～25个节，良好条件下有的品种可达30多个节。茎基部节间较短，中部较长，上部又较短。茎通常为绿色，有的品种带有部分红色或紫色。茎枝上生有白色茸毛，茸毛多少因品种而异。主茎高度因品种类型而异，多粒型品种主茎最高，普通型品种中等，丛生品种高于蔓生品种。主茎高度超过50 cm时容易倒伏。

（2）分枝　花生的分枝有一次分枝、二次分枝、三次分枝等。由主茎生出的分枝称为一次分枝（或称一级分枝）；在一次分枝上生出的分枝称为二次分枝；二次分枝上生出的分枝称为三次分枝，以此类推。普通型、龙生型品种的分枝可多至四次、五次。珍珠豆型、多粒型品种一般只有二次分枝，很少发生三次分枝。

第1条和第2条一次分枝由子叶腋芽长成，对生，称为第1对侧枝。第3条和第4条一次分枝由主茎上第1真叶和第2真叶的腋芽长成，互生，但是由于主茎第1节和第2节的节间极短，近似对生，一般又称为第2对侧枝。第1对侧枝在出苗后3～5 d，主茎第3真叶展开时出现；第2对侧枝在出苗后15～20 d，主茎第5叶、第6叶展开时出现。第1对侧枝和第2对侧枝长势很强，这两对侧枝及其上发生的二次枝构成花生植株的主体，亦是开花结果的主要分枝，其结果数可占全株总果数的70%～80%。因此在栽培上促使第1对侧枝和第2对侧枝健壮发育十分重要。

单株的分枝数变化很大，连续开花型品种分枝少，单株分枝数为5～6条至10多条，稀植的可达20多条，个别品种单株分枝数只有4条。交替开花型品种分枝数一般10条以上，其中蔓生品种稀植时可达100多条。

（3）株型　花生第1对侧枝长度与主茎高度的比值称为株型指数。根据株型指数和主茎与侧枝的夹角，分成蔓生型、半蔓生型和直立型3种株型。蔓生型（匍匐型）的侧枝几乎贴地生长，株型指数≥2。半蔓生型的第1对侧枝近基部与主茎呈60°～90°角，株型指数为1.5左右。直立型的第1对侧枝与主茎所呈角度小于45°，株型指数为1.1～1.2。直立型与半蔓生型合称为丛生型。

5. 叶　花生的叶分为不完全叶和完全叶（真叶）。每个分枝的第1节，甚至第2节、第3节着生的叶是不完全叶，称为鳞叶。2片子叶亦可视为鳞叶。花生的真叶为4个小叶的羽状复叶，由小叶片、叶柄、叶枕和托叶组成。花生小叶片的叶形有椭圆形、长椭圆形、倒卵形和宽倒卵形4种，是鉴别品种的性状之一。普通型和龙生型品种一般为倒卵形，珍珠豆型和多粒型品种为椭圆形。

6. 花序和花

（1）花序　花生花序为总状花序。根据花序轴长短，分为短花序和长花序。

有些品种在花序上部又出现羽状复叶，不再着生花朵，花序转变为营养枝，称为混合花序。有些品种在侧枝基部几个短花序着生在一起，形似丛生，称为复总状花序。

根据花序在植株上着生部位和方式，分为连续开花型和交替开花型 2 种（图 20-3）。连续开花型花生主茎上着生花序，在侧枝的各节上均可着生花序。交替开花型花生主茎上不着生花序，侧枝基部 1～3 节只着生分枝，不着生花序，其后的几节着生花序，不长分枝，后又有几节不长花序，如此交替着生分枝和花序。

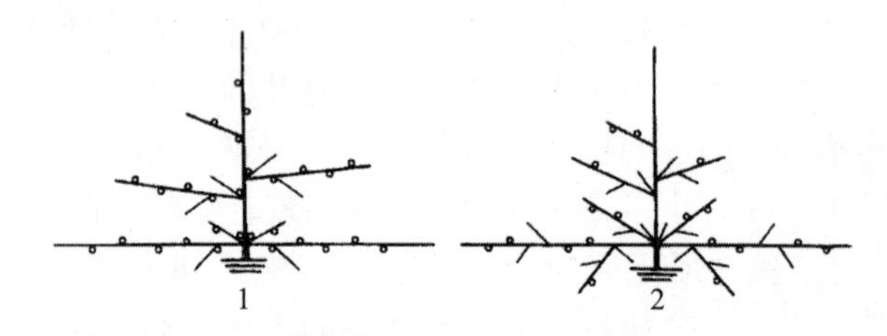

图 20-3　花生开花型模式

1. 连续开花型　2. 交替开花型

（引自山东省花生研究所，1982）

（2）花的形态结构　花生的花为蝶形花，由苞叶、花萼、花冠、雄蕊和雌蕊组成（图 20-4）。苞叶 2 片，绿色。1 片苞叶较短，呈桃形，着生在花序轴上，包围在花的外面，称为外苞叶；另 1 片苞叶较长，先端形成两分叉，称为内苞叶。花萼位于苞叶之内，下部联合成细长的花萼管，上部为 5 枚萼片，其中 4 枚联合，1 枚分离。萼片呈浅绿色、深绿色或紫绿色；花萼管多呈黄绿色，被有茸毛。花冠从外向内由 1 片旗瓣、2 片翼瓣和 2 片龙骨瓣组成，橙黄色。雄蕊 10 枚，其中 2 枚退化，8 枚有花药；少数品种 9 枚有花药，偶尔亦有 10 枚花药。8 枚雄蕊中 4 枚长形，4 枚圆形，相间而生。雌蕊 1 枚，单心皮，子房上位，位于花萼管底部。花柱细长，穿过花萼管和雄蕊管，与花药会合。子房 1 室，内有 1 至数个胚珠。

7. 果针　花生开花受精后，子房基部形成子房柄，连同位于其先端的子房合称果针。子房柄伸长，把子房推入土中，即下针。子房柄具有吸收水分和

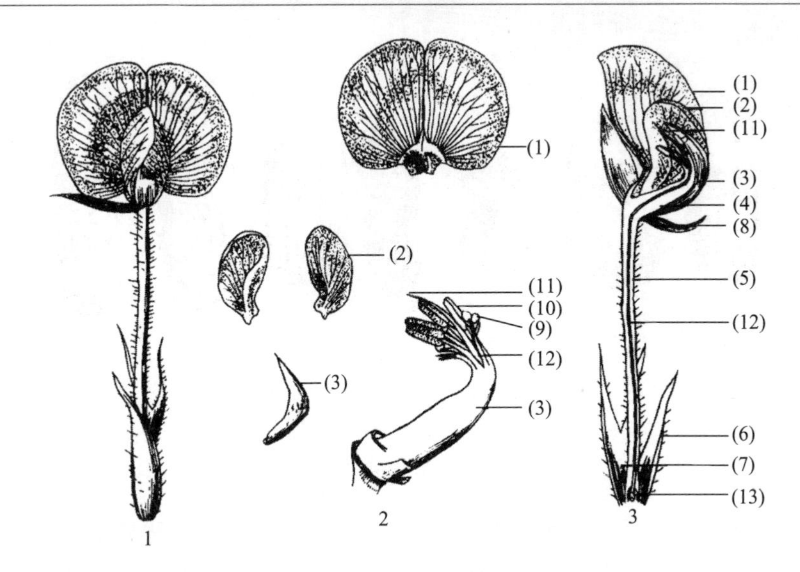

图 20-4　花生花器构造

1. 花的外观　2. 雄蕊管和雌蕊的柱头　3. 花的纵切面

(1) 旗瓣　(2) 翼瓣　(3) 龙骨瓣　(4) 雄蕊管　(5) 花萼管　(6) 外苞叶　(7) 内苞叶

(8) 萼片　(9) 圆花药　(10) 长花药　(11) 柱头　(12) 花柱　(13) 子房

(引自山东省花生研究所，1982)

养分及向地生长的特性。果针尖端的表皮细胞木质化，形成帽状物，保护子房入土。果针入土达到一定深度（3～10 cm）后，子房柄停止伸长，子房横卧发育成荚果。

8. 荚果　多数荚果具有 2 室，亦有 3 室以上者，各室间无横隔，有或深或浅的缢缩，称为果腰。荚果前端突出或稍突出，似喙，称为果嘴。荚果表面具纵脉，纵脉之间有横脉连接，使荚果表面呈网纹结构，但也有横脉不明显的品种。

果形因品种而异，大体上可分为 7 种：普通形、斧头形、葫芦形、蜂腰形、茧形、曲棍形和串珠形（图 20-5）。

（二）花生类型和特征

花生属于豆科蝶形花亚科花生属。所有栽培花生品种都属于 1 个染色体基数为 10 的异源四倍体种 *Arachis hypogaea* L.（栽培种花生）。

花生种以下的分类，各国习惯不同。美国和国际上通常根据分枝型将花生分为弗吉尼亚型、西班牙型、瓦棱西亚型及秘鲁型 4 种类型（W. C. Gregory 等，1951）。我国按开花型及荚果性状将花生品种划分为 4 大类型：普通型、

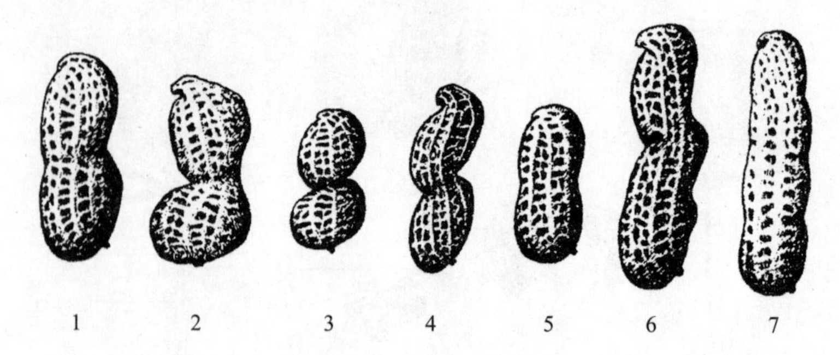

图 20-5　花生荚果果形

1. 普通形　2. 斧头形　3. 葫芦形　4. 蜂腰形　5. 茧形　6. 曲棍形　7. 串珠形

（引自山东省花生研究所，1982）

龙生型、珍珠豆型和多粒型。花生 4 大类型在开花型、荚果性状、种子、分枝、株型、叶片等农艺性状上各有特点（表 20-1），可作为鉴别的主要特征。

表 20-1　花生 4 大类型的农艺学特点

类　　型		普通型	龙生型	珍珠豆型	多粒型
开花型		交替	交替	连续	连续
果　　形		普通形，大，多 2 粒荚，果嘴小至大	曲棍形，小，多 3～4 粒荚，果嘴大	葫芦形，中至小，大多数为粒荚，果嘴小	串珠形，中等大小，多 3～4 粒荚，果嘴不明显
果　　壳		厚，网纹浅	薄，网纹深	较薄，网纹浅	厚，网纹浅平
种子	种皮颜色	淡红	淡褐	粉红，易生裂纹	深红，易生裂纹
	粒　　形	大，椭圆至长椭圆形	小，瘦长，椭圆形、三角形	中至小，短椭圆形、桃形	中等大小，短柱形、三角形
	休眠性	强	强	弱	弱
分枝性		有直立、半直立、蔓生 3 种，分枝多	蔓生，分枝多，有三次以上分枝，茸毛密长	直立，分枝少	直立，分枝少，茎粗，较高大，红种皮者有花青素
株型指数		直立 1.2 半蔓生 1.6 蔓生 2～3	5.5	1.1～1.5	1.2
叶　　片		倒卵形，中等大，色浓绿	短扇形至倒卵形，小，灰绿色，茸毛密	近圆形，较大，色淡绿	长椭圆形，大
耐旱性		强	强	较弱	较弱

（续）

类　型	普通型	龙生型	珍珠豆型	多粒型
对结实层土壤缺钙反应	敏感	—	不敏感	不甚敏感
开花、成熟	中至晚	晚	早	早

三、实验材料和用具

1. 实验材料　实验材料为花生幼苗、成长植株、花、荚果、种子，花生 4 大类型的植株，各类型的代表品种若干。

2. 实验用具　实验用具有镊子、解剖针、解剖镜、放大镜等。

四、实验方法和步骤

（一）花生的形态特征观察

1. 观察根系和不完全叶　选取花生幼苗植株，观察根系及不完全叶的形态特征等。

2. 观察茎、分枝、叶片和花　选取花生花针期植株，观察花生植株茎、分枝、叶片、花的形态特征。

3. 观察荚果和种子　选取花生成熟期植株，观察花生荚果外形，弄清荚果各部分名称，剥开果壳观察种子在果壳内着生状况。观察发育程度不同的荚果的特点。

（二）花生的 4 大类型识别

逐项观察并比较 4 大类型品种植株开花型、荚果、叶片形态、种子粒形、种皮颜色、分枝性等。

五、作　　业

1. 在田间对照观察花生植株、茎、分枝和叶片的形态特征。将观察结果做简要记录。

2. 将 4 大类型代表品种的观察结果填入表 20-2。根据观察结果，确定各品种分别属于哪个类型。

表 20-2　品种类型鉴别记载

年　月　日

品种名称						
开花型						
主茎是否开花						
荚果外形、果壳特征						
种子大小及皮色						
株型						
分枝多少						
茎枝粗细及茸毛多少						
叶形						
叶片大小						
叶色						

实验二十一　花生成熟期测产与考种

一、实验目的

1. 学习花生测产方法，预测花生产量。
2. 掌握花生植株性状调查（考种）的内容和分析方法。

二、实验内容说明

花生是地上开花地下结实的作物，结实器官主要着生在分枝上。分枝和着果特性与品种和栽培条件有密切关系。对花生进行成熟期产量测定和考种，有助于了解花生品种特性、产量构成因素及影响产量的原因，对进一步改良品种、改善栽培条件，提高花生产量具有重要意义。

（一）花生测产

花生测产的方法有理论测产和实收测产 2 种。

1. 理论测产　花生单位面积产量由单位面积株数（单位面积穴数与每穴株数的乘积）、每株果数和千克果数 3 个产量构成因素构成。理论测产可在收获前进行。此时，前两个产量构成因素已经固定，可以测得株数和每株果数，千克果数可以根据当年花生后期生长情况、气象条件等，参考该品种历年千克果数推断。也可以到收获期前单果质量基本固定后，随机取样收获晒干称量测得。

2. 实收测产　实收测产在花生适宜收获期进行。根据不同的田块类型和测产目的，选有代表性的测产点实收，摘果后称量总鲜果质量，再从鲜果中取样烘干称量，并计算产量。也可以把收获的样点植株摘果后晒干再称量。

（二）花生单株性状调查

花生植株性状影响单株生产力，进而影响群体生产力和产量。而植株各部位性状因品种、种植条件和栽培技术的不同而变化。调查单株性状是评定品种、种植条件和栽培技术合理性的重要方法。

单株性状调查项目可根据研究目的确定，一般常用测定项目的含义和测定方法如下。

1. 植株营养器官性状

（1）主茎高度　从子叶节到顶部最上一片展开叶叶柄与托叶分离处之间的长度（cm）为主茎高度。

（2）主茎叶数　子叶节以上到最上部展开叶的叶片数（子叶不计在内，已脱落叶计算在内）为主茎叶数。

（3）侧枝叶数　侧枝叶数指第 1 对侧枝上展开叶的平均数，包括侧枝基部的几个鳞片。

（4）有效侧枝长度　第 1 对侧枝上最远的一个结实（饱果、秕果）的节到子叶节的距离（cm）为有效侧枝长度。

（5）结实范围的节数　结实范围的节数指第 1 对侧枝上结实范围内的平均节数。

（6）总分枝数　植株上所有已长出的分枝总数（无展开叶的腋芽及主茎不计在内）为总分枝数。

（7）结果枝数　植株上所有着生荚果的枝条总数为结果枝数。

2. 植株生殖器官性状

（1）果针数　果针数指已伸长而子房尚未膨大的果针总数。果针也可以进一步区分为已入土果针和未入土果针两类。

（2）幼果数　幼果数指子房已明显膨大，但其中籽仁尚未发育到能食用的程度，无经济价值的荚果数。

（3）秕果数　秕果数指发育尚不充分、不饱满的荚果总数。双室荚果，后室子仁饱满，前室不饱满者均作秕果。秕果可以进一步分为双仁秕果和单仁秕果。

（4）饱果数　充分发育成熟的荚果称为饱果。单仁饱果指单室荚果籽仁饱满者以及后室籽仁饱满，前室未发育的荚果。双仁饱果指前后室发育成熟的双室荚果。

（5）单株总果数　单株总果数指饱果和秕果数的总和，不包括幼果。

（6）千克果数　对荚果随机取样 1 kg，计数荚果总数。重复 2 次，差异应≤5%。如果差异＞5%要做第 3 次重复，取数值相近的 2 次重复的平均值。也可将调查植株上全部荚果称量，计数荚果总数后换算。千克果数在栽培研究上用以表示荚果质量；在育种或品种调查上，可以反映该品种的成熟早晚或成熟整齐程度。

（7）每荚果粒数　以多数荚果粒数的平均数作为该品种的每荚果粒数。

（8）荚果大小　根据典型荚果长度分为极大、大、中和小4级。以二粒荚果为主的品种，≤26.9 mm为小，27.0～37.9 mm为中，38.0～41.9 mm为大，≥42.0 mm为极大。以三粒荚果为主的品种，≤36.9 mm为小，37.0～46.9 mm为中，47.0～49.9 mm为大，≥50.0 mm为极大。

（9）百果重　百果重指100个荚果的质量。取饱满的典型干荚果100个称量，重复2次，重复间差异应≤5%。如果差异>5%要做第3次重复，取数值相近的2次重复的平均值。

（10）百仁重　百仁重指100个籽仁的质量。取饱满的典型干籽仁100个称量，重复2次，重复间差异应≤5%。如果差异>5%要做第3次重复，取数值相近的2次重复的平均值。

（11）籽仁形状　籽仁形状分为椭圆形、圆锥形、桃圆形、三角形、圆柱形等。

（12）种皮色泽　种皮色泽分为紫色、紫红色、紫黑色、红色、深红色、粉红色、淡红色、浅褐色、淡黄色、白色、红白色相间等。

3. 产量性状

（1）生物学产量　植株全部营养体和生殖体的干物质量（烘干至恒重）为生物学产量。

（2）经济产量　单位面积有经济价值的荚果总质量为经济产量。

（3）经济系数　荚果产量占生物学产量的比例（%）为经济系数。

（4）出仁率　荚果质量中所有籽仁质量所占的比例（%）为出仁率。可将调查千克果数的荚果剥壳，称籽仁质量，计算出仁率。

三、实验材料和用具

1. 实验材料　实验材料为不同品种或不同栽培处理的花生田。

2. 实验用具　实验用具有铁铲（锨或镢）、绳、纸牌、纸袋、箩筐、剪刀、烘箱、干燥器、天平、秤、布袋等。

四、实验方法和步骤

（一）理论测产

1. 掌握田块生长情况　测产前应全面察看，掌握全田植株密度和生长的总体情况。如果不同地段生长差异大，特别是对较大地块测产时，要根据察看情况将全田划分为不同的地段。然后从每个地段选定具有代表性的样点测产，再乘以该地段的面积。取不同地段产量的加权平均，就可以估算出该田块的产量。

2. 选取样点 样点应具有代表性，并尽量均匀分布。其数目要根据田块大小、地形及生长整齐度确定。选取样点常用的方法有五点取样法、随机取样法、棋盘式取样法等。四周样点要距地边 1 m 以上，个别样点如缺乏代表性应作适当调整。

3. 调查行距、穴距及每穴株数 每取样点先测量 20 行的行距，求平均行距。再量出 20～50 穴的穴距，求平均穴距。同时数出 20～50 穴内实有株数，计算每穴株数。根据田块大小重复 3～5 次。根据平均行距、平均穴距、每穴株数，求出每公顷穴数和株数。

4. 调查每穴果数或每株果数及双仁果率、饱果率 在每个样点连续取 5～10 穴，挖出样点上的植株，拣起落果，数清每点株数。将各点所有植株上的饱果和秕果摘下，分别数出各点的双仁饱果数、单仁饱果数和秕果数，求出平均每穴果数或每株果数及双仁果率、饱果率。调查结果填入表 21-1。

5. 计算理论产量 根据该品种常年千克果数，考虑所测的双仁果率及饱果率，估计千克果数的范围，按下面的不同公式计算理论产量，并填入表 21-1。

$$\text{理论产量（kg/hm}^2\text{）}=\frac{\text{每公顷株数}\times\text{每株果数}}{\text{千克果数}}$$

或

$$\text{理论产量（kg/hm}^2\text{）}=\frac{\text{每公顷穴数}\times\text{每穴果数}}{\text{千克果数}}$$

表 21-1 花生田间预测产量记录

田块（处理）： 品种： 日期： 年 月 日

取样点号	行距（cm）	穴距（cm）	每穴株数	每穴（株）果数							饱果率（%）	双仁果数	千克果数	产量（kg/hm²）
				饱果			秕果			总果数				
				双仁	单仁	总	双仁	单仁	总					
1														
2														
⋮														

（二）实收测产

1. 选点和取样　根据地块大小，选有代表性的测产点3～5个，每点实收不少于10 m^2。每点上可取4～5行，测量总宽度，再量出应有的长度，做好标记，数出总穴数。然后收刨，计数总株数，摘果，去杂（除去沙石、泥土、枯枝落叶、无经济价值的幼果、虫蛀果、出芽果、烂果、果柄等），称量总鲜果质量。再从鲜果中均匀取样1 kg，用于烘干，求折干率。若同一地块测产点较多，可将各点鲜果样混匀后，从中随机取1 kg的样品2～3个，作烘干样。亦可在同一地块的所有测产点中，随机选取2～3个点的鲜果样作烘干样。

试验田小区测产应逐个小区实测。其方法是去掉小区边行和边穴，测量实收面积、穴数、株数，再收刨、摘果、去杂，称鲜果质量。均匀取鲜果样1 kg作烘干样。亦可把同一处理各重复的鲜果样混合均匀，从中再取1 kg鲜果作烘干样。

小面积高产攻关田（例如0.1～0.2 hm^2）应全部实收测产。测量地块长度和宽度，计算实际面积，然后收刨、摘果、称量。均匀选取质量为10 kg的鲜果样2～3个，去杂后称量，从中均匀选取1 kg鲜果作烘干样。

2. 测算产量

（1）果样烘干　把测产时取的鲜果样品当天放入烘箱，先以105 ℃高温烘4～6 h，再以80～90 ℃恒温烘8～10 h，然后称量，再继续烘2～4 h称1次，直到恒重为止。

（2）折干率的计算　按照规定的入库荚果含水量10%的标准计算折干率，计算公式为

$$折干率=\frac{烘干样干物质量/0.9}{烘干样鲜物质量}\times 100\%$$

（3）偏差折算　一般情况下，用小区推算出的产量，比全收的实际产量高出10%左右。因此将每个地块平均产量减去10%，作为测产产量。试验小区测产和全部实收测产的，则不必减去10%的误差。

（4）计算产量　用下式计算产量，并把产量测定结果整理填入表21-2。

$$产量（kg/hm^2）=\frac{测产点平均鲜果质量（kg）\times 折干率（\%）}{测定点面积（hm^2）}$$

表 21-2 花生田间测产记录

日期： 年 月 日

处理	重复或点号	小区面积（m^2）	小区株数	每公顷株数	小区鲜果质量（kg）	样本鲜果质量（kg）	样本干果质量（kg）	折干质量（kg）	小区干果质量（kg）	折算荚果产量（kg/hm^2）	单株果数（个）	样本果数（个）	样本仁数（个）	样本仁干质量（个）	千克果数（个）	千克仁数（个）	出仁率（%）
	1																
	2																
	⋮																

（三）单株性状调查

结合测产，每个地块选有代表性的 3～5 个点，每点随机或选取代表性植株，取样应不少于 10 株，除去沙石、泥土、落叶、落果等。逐株调查有关性状，填入表 21-3。

表 21-3 花生成熟期植株性状调查

田块（处理）： 品种 日期： 年 月 日

取样点号	株号	主茎高度（cm）	有效侧枝长度（cm）	主茎节数	主茎叶数	分枝数	结果枝数	果针数	幼果数	秕果数	饱果数	总果数	千克果数	总仁数	百果重（g）	百仁重（g）	出仁率（%）
	1																
	2																
	⋮																

五、作　　业

1. 根据成熟期植株性状调查结果结合测产结果，比较不同品种或不同栽培技术的田块花生植株性状的差异。

2. 根据测产（理论测产或实收）和成熟期植株性状的调查结果，说明不同品种或不同栽培技术的花生产量构成因素的主要差异。要提高花生产量，应采取哪些栽培管理措施？

实验二十二　油菜形态特征观察与类型识别

一、实验目的

了解、熟悉油菜的植物学形态特征，掌握识别油菜类型的主要依据。

二、实验内容说明

(一) 油菜植株的形态特征

1. 根　油菜的根系为直根系，由主根、侧根和支根组成。主根上部膨大而下部细长，呈长圆锥形，幼嫩时为肉质，随着成熟而逐渐呈半木质化。主根上着生的一级侧根称为支根，一级侧根上依次发生的二次侧根和三级侧根称为细根。直播油菜主根入土深度一般为40～50 cm或以上，土层深厚时可达300 cm。侧根多密集在20～30 cm的耕层，水平扩展40～50 cm。

2. 茎　油菜的茎包括主茎和分枝。主茎由子叶节以上的幼茎延伸形成，多为不规则的圆柱形，茎色有绿色、微紫色和深绿色之分。茎表面光滑或有稀疏刺毛，被有蜡粉。甘蓝型油菜主茎分为3个茎段（图22-1）。

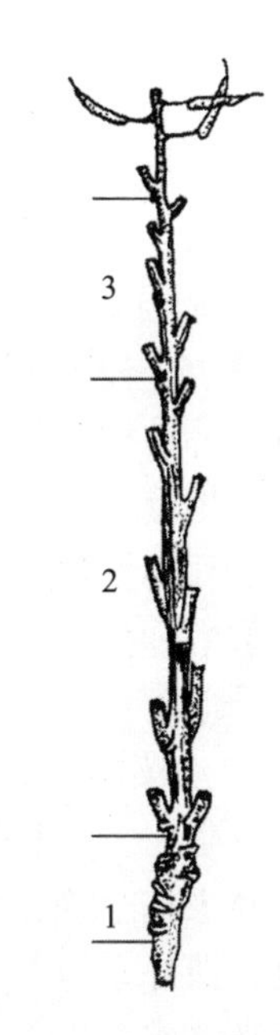

图22-1　油菜的主茎茎段
1. 短缩茎段　2. 伸长茎段
3. 薹茎段
（引自王树安，1995）

（1）短缩茎段　短缩茎段位于主茎基部，节间短而密集，无棱，节上着生长柄叶。

（2）伸长茎段　伸长茎段位于主茎中部，茎表面有棱，节间由下而上增长，节上着生短柄叶。

（3）薹茎段　薹茎段位于主茎上部，顶端与主花序轴相连，节间自下而上缩短，节上着生无柄叶。

3. 分枝　油菜抽薹后，主茎各节叶腋间的腋芽延伸后可形成分枝。主茎上着生的分枝为一次分枝，一次分枝上长出的分枝为二次分枝，以此类推。根据一次分枝在主茎上的发生部位和分布情况，可把油菜分为下述 3 种株型（图 22-2）。

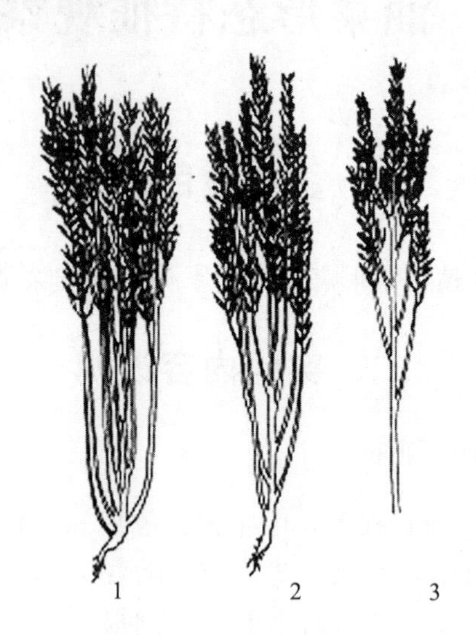

图 22-2 油菜的 3 种分枝型

1. 下生分枝型 2. 匀生分枝型 3. 上生分枝型

（引自中国农业科学院油料作物研究所，1979）

（1）下生分枝型 这种株型分枝较多，分枝着生于主茎中部和下部，主茎花序不发达，植株筒状或丛生状。

（2）匀生分枝型 这种株型分枝多，分枝均匀分布在主茎上，植株似扇形，大多数甘蓝型油菜品种属于此类。

（3）上生分枝型 这种株型分枝较少，分枝集中于主茎上部，主茎花序发达，植株帚形。

4. 叶 油菜的叶分为子叶和真叶两种。子叶 1 对，有心脏形、肾形、杈形。真叶着生在主茎和分枝各节上，无托叶，有的有叶柄，有的无叶柄，为不完全叶。叶缘有全缘、波浪形、锯齿形、浅裂、深裂、全裂等多种形态。叶色有黄绿色、淡绿色、深绿色、灰蓝色、淡紫色、深紫色等。叶面有光泽或蜡粉，表面光滑或着生刺毛。不同类型品种和同一植株在不同生育阶段产生的叶片，其形状各异，甘蓝型油菜、白菜型油菜基部叶有明显叶柄，中上部叶逐渐变为短柄或无柄；芥菜型油菜的叶片都有叶柄，只是基部叶片裂片数目多，缺刻深，而上部叶片没有裂片，且缺刻很浅。甘蓝型油菜主茎叶有 3 组叶型（图 23-3 和图 23-4）。

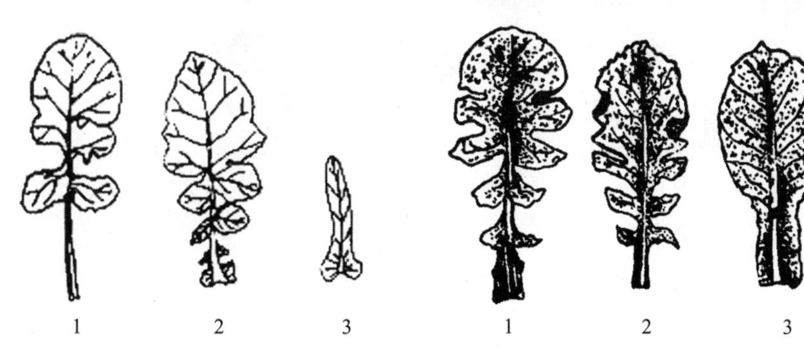

图 22-3　油菜不同叶位叶片形态（甘蓝型）
1. 长柄叶　2. 短柄叶　3. 无柄叶
（引自王树安，1995）

图 22-4　不同类型油菜基叶形态
1. 甘蓝型　2. 芥菜型　3. 白菜型
（引自湖南农学院，1988）

（1）长柄叶　长柄叶也称为缩茎叶，着生于主茎基部短缩茎段上，具有明显的叶柄。叶片较大，叶面积自下而上逐渐增大，叶形有长椭圆形、卵圆形、匙形等。

（2）短柄叶　短柄叶着生于主茎中部伸长茎段上，叶柄不明显，叶柄基部两侧有明显叶翅，叶面积自下而上逐渐减小，叶形有全缘带状、齿形带状、羽裂状、缺裂状等。

（3）无柄叶　无柄叶也称为薹茎叶，着生于主茎上部的薹茎段上或分枝上。无叶柄的叶身基部两侧向下延伸成耳状，全抱或半抱茎，叶面积最小，叶形为披针形、长三角形等。

这 3 组叶片并非截然分开，组间还有过渡类型。

5. 花序和花　油菜的花序为总状无限花序，着生于主茎和分枝顶端。每朵花有花萼 4 个；花瓣 4 个，盛开时呈十字形，有黄色、淡黄色、乳白色等。雄蕊 6 枚，为四强雄蕊。雌蕊 1 枚，子房上位，2 心皮，有假隔膜分为 2 室，胚珠着生于 2 个侧膜胎座上。子房基部有 4 个绿色球形蜜腺，位于 4 个长雄蕊的外侧和 2 个短雄蕊的内侧（图 22-5）。

6. 角果和种子

（1）角果　油菜果实为长角果，由果柄、果身和果喙组成。果喙由花柱发育而来，与果身相连，形似角状，故称为角果（图 22-6）。果身包括 2 片壳状果瓣（心皮）和 2 片线状结实果瓣，结实果瓣位于壳状果瓣之间，窄细如线状，结实果瓣之间有薄膜（假隔膜）相连，种子着生于线状果瓣的内侧。果柄由花柄发育而成，果柄与果轴所成角度及角果在果柄上的着生状态与品种特性

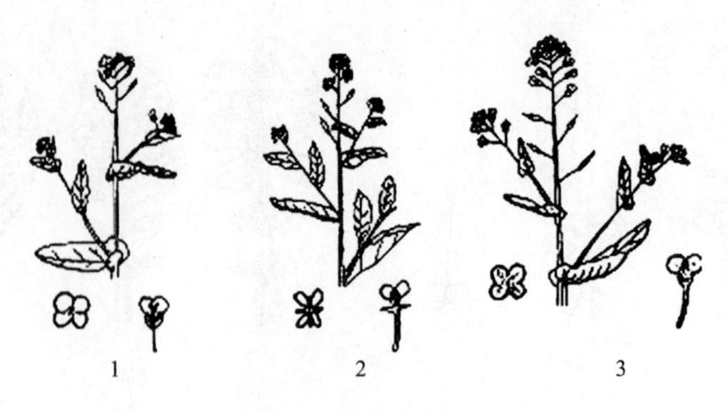

图 22-5 油菜的花和花序

1. 白菜型 2. 芥菜型 3. 甘蓝型

（引自王树安，1995）

有关，一般可分为下述 4 种类型。

图 22-6 油菜的角果

①直生型：直生型果柄与果轴夹角近 90°，果身与果轴呈垂直状，例如“胜利”油菜。

②斜生型：斜生型果柄与果轴夹角为 40°～60°，例如“七星剑”。

③平生型：平生型果柄与果轴夹角为 20°～30°，果身与果轴近于平行，例如“矮大壮”。

④垂生型：垂生型果柄与果轴夹角大于 90°，果身下垂，例如“川农长角”。

一般芥菜型油菜角果细小，长为 3～4 cm。白菜型油菜和甘蓝型油菜角果长度变异大，为 4～10 cm。

（2）种子　油菜种子近球形，大小与品种类型有关。一般千粒重为2～4 g，但也有 5 g 左右的。种皮有黄色、褐色、黑色等颜色，并具有辛辣味。一般甘蓝型品种种子大，千粒重在 3 g 以上，白菜型品种种子千粒重为 3 g 左右，芥菜型品种种子千粒重为 2 g 左右。

（二）油菜的 3 种类型识别

油菜的 3 种类型各器官的主要区别见表 22-1。

表 22-1　3 种类型油菜的形态区别

器官	甘蓝型	白菜型	芥菜型
根	主根、支根都很发达	主根发达，入土较浅，木质化程度较低	主根发达，入土深，支根较少，木质化程度高
茎	植株较高，茎上有蜡粉	植株较矮	植株高大，分枝部位多，茎高而细，茎秆坚硬
叶	多有蜡粉，下部薹生叶有短柄，上部薹生叶无柄，叶翼半抱茎	薹生叶为无柄叶，叶翼全抱茎	薹生叶均有短柄，不抱茎
花	大，黄色，花瓣两侧重叠	较大，淡黄色，花瓣两侧重叠	小，黄色，花瓣分离
角果	大，果皮上有蜡粉	较肥大	瘦小，细，短
种子	大，千粒重为 3 g 左右	较大，千粒重为 2～3 g	小，千粒重为 1.0～1.5 g，有强烈辛辣味

三、实验材料和用具

1. 实验材料　实验材料为白菜型、芥菜型和甘蓝型油菜的花期植株或标本，根、叶、花、角果和种子的压制或浸渍标本、挂图；分期播种，分别达到 3～4 片真叶和 8～10 片真叶的油菜苗。

2. 实验用具　实验用具有米尺、镊子、放大镜等。

四、实验方法和步骤

1. 观察　观察当地主要油菜品种的植株，包括根、茎、叶、花、角果、种子的形态特征及结构。

2. 比较 观察比较油菜 3 种类型植株各部位的形态特点，并从以下几个方面进行比较：①根系发育状况；②子叶形态，基生叶和茎生叶的大小、形态、附着物（蜡粉、刺毛等）的有无，叶柄、叶翼的有无，抱茎与否及抱茎程度；③花的大小、颜色，花瓣重叠情况；④角果着生状态、大小、粗细；⑤种子大小、颜色，辛辣味的有无；⑥植株高度，分枝多少与部位，株型。

五、作　　业

根据观察结果，列表说明油菜 3 大类型的主要形态特征及区别。

实验二十三　油菜成熟期测产与考种

一、实验目的

了解并掌握油菜成熟期取样测产及室内考种的基本方法，进一步认识油菜经济性状与产量之间的关系。

二、实验内容说明

（一）油菜经济性状的调查内容

油菜的产量构成因素包括单位面积株数、每株角果数、每角果粒数和千粒重。其中，每株有效角果数最易受环境条件、气候条件及病虫害的影响而发生变化，变幅最大。调查油菜成熟前的主要经济性状，有利于分析原因，总结经验，为来年制订油菜生产规划和栽培措施提供依据。

1. 株高　从子叶节至植株顶端的高度（cm）为株高。

2. 一次有效分枝数　一次有效分枝数指主茎上具有 1 个以上有效角果的一次分枝数。

3. 二次有效分枝数　二次有效分枝数指着生在一次分枝上的具有 1 个以上有效角果的二次分枝数。

4. 有效分枝起点高度　主茎最下一个一次有效分枝着生处距子叶节的高度（cm）为有效分枝起点高度。

5. 主花序有效长度　主花序最下一个至最上一个有效角果之间的长度（cm）为主花序有效长度。

6. 主花序有效角果数　主花序有效角果数指主花序上含 1 粒以上饱满种子的角果数。

7. 着果密度　着果密度等于主轴有效角果数除以主轴有效长度（个/cm）。

8. 单株有效角果数　单株有效角果数指包括主花序和各分枝花序的有效角果总数。

9. 每角果粒数　在典型植株上按比例分段随机摘取 20 个正常角果，计算平均每角果的种子数，即每角果粒数。

10. 千粒重 千粒重即1 000粒种子的质量。用晒干纯净的种子随机取样3份，每份1 000粒，分别称量，取差异不超过3%的3份样本的平均值（g）。

11. 种子色泽 种子色泽分黄色、黑色、红色、褐色等。

12. 单株产量 随机取典型植株10株脱粒，称取其风干种子的平均质量（g）即为单株产量。

（二）油菜田的产量预测

油菜田的产量预测主要是通过田间选点测定平均行距和株距，求得单位面积收获株数（田间密度）。并通过田间取样，在室内考种测定单株有效角果数、每角果粒数和千粒重等产量构成因素，最终以各产量构成因素的乘积计算出预测产量（理论产量）。

三、实验材料和用具

1. 实验材料 实验材料为不同类型油菜田或生产单位不同栽培管理措施的油菜田现场。

2. 实验用具 实验用具有皮尺、钢卷尺、剪刀、瓷盘、感量0.01 g天平、数粒板、种子袋、标签、铅笔、调查表等。

四、实验方法和步骤

（一）选取样点的原则和方法

在油菜收获前5～7 d，根据生产情况按田块形状及大小，在田块四周及中心部位以对角线或Z字形走向选取田间植株生长整齐、成熟均匀一致的5～10个有代表性的样点。

（二）单位面积收获株数（田间密度）测定

在选定的每个样点上，分别测量11行（或21行）之间的距离，除以10（或20）求得平均行距。测量51株之间的距离，除以50求得平均株距。由平均行距和平均株距计算出单位面积收获株数（田间密度）。

（三）取样

在测量和计算过田间密度的各样点上，在距离地边2 m以上的位置小心地顺序拔取30株完整植株，用120 cm×80 cm左右大小的尼龙网袋将油菜顶部的全部结角层装入，系好样点顺序标签和口绳，带回室内，用于室内考种和测定各产量构成因素。切忌在距地边不足 2 m 的位置取样，以减少取样误差。

(四) 性状调查

将各样点所取油菜植株全部带回室内，随机数出 10 株，按照前述“油菜经济性状的调查内容”中 1～7 项的要求和标准，分别调查株高、一次有效分枝数、二次有效分枝数、有效分枝起点高度、主花序有效长度、主花序有效角果数、着果密度等农艺性状，并做好记录，用于评价油菜田的结角层性能。另外再随机取出 10 株，按照前述“油菜经济性状的调查内容”中 8～12 项的要求和标准，分别调查单株有效角果数、每角果粒数、千粒重等各产量构成因素，以及种子色泽，并做好记录，用于计算理论产量。

注意：①测定每角果粒数时，应根据每株的结角状况，从 10 株中按角果上下比例及大小有代表性地摘取 100 个有效角果，逐一对着灯光计数每角果粒数，也可将 100 个角果全部脱粒后混合计数种子数量，求得每角果粒数。②测定千粒重时，应采用数粒板法或直接计数法每份计数 1 000 粒，共计数 3 份，分别称量，取差异不超过 3%的 3 份样本的平均值作为平均千粒重（g）。

(五) 计算理论产量

计算理论产量的公式为

$$\text{理论产量（kg/hm}^2\text{）}=\frac{\text{密度（株/hm}^2\text{）}\times\text{单株有效角果数（个）}\times\text{每角果粒数（粒）}\times\text{千粒重（g）}}{1\,000\times1\,000}$$

其中

$$\text{密度（株/hm}^2\text{）}=\frac{10\,000\ \text{m}^2}{\text{平均行距（m）}\times\text{平均株数（m）}}$$

平均行距：每点量 11 行（或 21 行）的距离除以 10（或 20），取 5 点平均。

平均株距：每点量 51 株间的距离除以 50，取 5 点平均。

五、作　　业

1. 将油菜考种及测产结果填入表 23-1。
2. 根据油菜的主要经济性状与产量的关系，阐述促进油菜良好生长应采取的栽培措施。

表 23-1　油菜经济性状测定记载

品种：__________测定人：__________

样点	株高（cm）	有效分枝起点高度（cm）	一次分枝数		主花序有效长度（cm）	主花序有效角果数（个）	单株有效角果数（个）	每角果粒数（粒）	千粒重（g）	单株产量（g）	种子色泽	理论产量（kg/hm²）
			有效	无效								
1												
2												
3												
⋮												
平均												

实验二十四　棉花形态特征观察及4个栽培棉种识别

一、实验目的

1. 识别棉花各器官的主要植物学形态特征。
2. 掌握棉花果枝与叶枝的区别。
3. 了解4个栽培棉种的主要区别。

二、实验内容说明

棉花属于锦葵科棉属，是一年生或多年生植物，具有无限生长习性。我国栽培的棉花大部分为陆地棉种。

（一）陆地棉的主要植物学形态特征

1. 根　棉花的根系属直根系。主根由胚根发育而成，长可达2～3 m，分生有许多侧根，大多呈4行排列，横向伸展达0.7～0.8 m。主根上发生一级侧根，一级侧根上发生二级侧根，在适宜条件下可继续分生三级侧根、四级侧根，大部分侧根分布在0.1～0.3 m土层内。各级侧根的尖端部分着生根毛。主根和各级侧根及根毛组成倒圆锥形根系。营养钵育苗移栽的棉花，主根被折断，以侧根为其主要根群。

2. 茎及分枝

（1）主茎　棉花主茎圆形，直立，中实，由胚芽生长点分化延伸而成。茎上生有茸毛。幼苗期茎为绿色，并随生长逐渐变为紫红色（少数品种始终为绿色）。红绿茎色生长比例，可以作为田间诊断指标。主茎基部有对生的子叶节。子叶节以上着生真叶的地方称为节，节与节之间称为节间，子叶节至第1真叶的距离为第1节间。叶柄基部与主茎衔接所成的上角称为叶腋，每个叶腋内着生1枚腋芽，腋芽生长成分枝。

株高的增长速度、茎的粗细、茎色的红绿比率，是看苗诊断的重要指标。

（2）分枝　棉花有2种分枝：叶枝和果枝。这2种分枝都来源于腋芽。棉花每个叶腋只分化1个腋芽。腋芽按其生理活动状态可以分为活动芽和潜伏芽，活动芽按其发育方向又可以区分为叶枝芽和混合芽。叶枝芽可以分化形成叶枝（俗称疯杈、赘芽、油条），混合芽则在分化叶原基的同时又分化花芽，发育成果枝和亚果枝。果枝与叶枝的识别在生产上极为重要，其形成方式和形态区别见图24-1和表24-1。

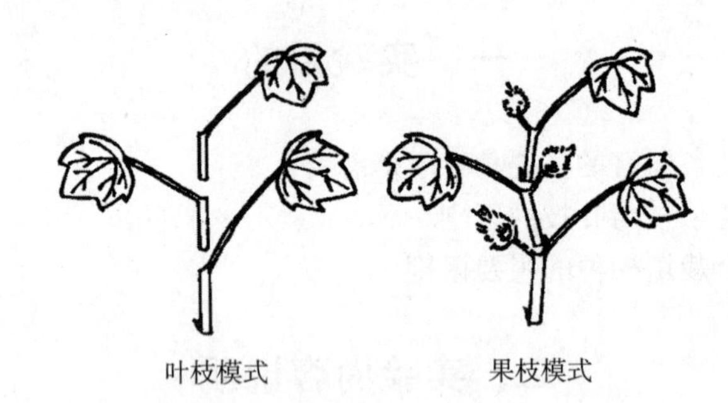

图24-1　棉花叶芽形成叶枝和混合芽发育为果枝的分化模式
（引自中国农业科学院棉花研究所，1983）

表24-1　棉花叶枝和果枝的主要区别
（引自中国农业科学院棉花研究所，1983）

项目	叶枝	果枝
分枝类型	单轴枝	合轴枝
枝条长相	斜直向上生长	近水平方向曲折向外生长
枝条横断面	略呈五边形	近似三角形
发生节位	主茎下部	主茎中上部
顶端生长锥分化	只分化叶和腋芽	分化出2片叶后，即发育成花芽
先出叶与真叶的分布	第1叶为先出叶，以后各叶均为真叶	各果节第1、2叶分别为先出叶和真叶
节间伸长特点	第1节间不伸长，其余各节间均伸长	奇数节间都不伸长，只偶数节间伸长
叶的着生	与主茎同	左右互生
蕾铃着生方式	间接着生于二级果枝	直接着生

（3）果枝类型　根据果枝节数，棉花果枝可分为有限果枝（零式果枝、一式果枝）和无限果枝（二式果枝），见图24-2。

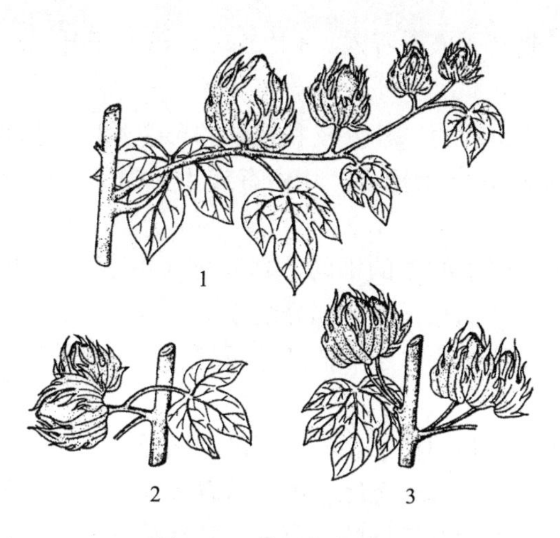

图 24-2　棉花果枝类型

1. 二式果枝　2. 一式果枝　3. 零式果枝

（引自中国农业科学院棉花研究所，1983）

①零式果枝：零式果枝无果节，铃柄直接着生在主茎叶腋间。

②一式果枝：一式果枝只有 1 个果节，果节很短，棉铃丛生于果节顶端。

③二式果枝：二式果枝有多个果节，为无限果枝型。无限果枝按其节间长短又分为以下 4 种类型。

Ⅰ型（紧凑型）：果枝节间平均长度为 3～5 cm。

Ⅱ型（较紧凑型）：果枝节间平均长度为 5～10 cm。

Ⅲ型（较松散型）：果枝节间平均长度为 10～15 cm。

Ⅳ型（松散型）：果枝节间平均长度在 15 cm 以上。

（4）株型　由于品种和栽培条件的影响，会形成不同的株型。根据果枝和叶枝的分布情况及果枝的长短，分为 3 种株型。

① 塔型：塔型果枝自下而上逐渐变短，夹角多为锐角，叶枝少。

② 筒型：筒型的上、中、下果枝长度相近，夹角近似直角，叶枝少。

③ 丛生型：丛生型主茎较矮，下部叶枝多而粗壮。

筒型植株紧凑，适合密植和机械化管理，塔型比较早熟，丛生型为不良株型。

3. 叶　棉花的叶分为子叶、先出叶和真叶 3 种。

（1）子叶　棉花子叶为肾形或半圆形，2 片，对生，1 大 1 小，为不完全叶；绿色，基点呈红色。子叶有主脉 3 条，通常无蜜腺。子叶脱落后，留下 1 对叶痕，为识别子叶节的标志。正常情况下子叶生存 2 个月左右。子叶内储藏大量养分，供种子萌发、出土所需。3片真叶以前，子叶光合产物是棉苗生长的主要营养来源。

（2）先出叶　先出叶为每种分枝和枝轴的第1片叶，披针形；长为1.0～1.5 cm，宽约为0.5 cm，无托叶，叶柄有或无，为不完全叶，生长1个月左右即脱落。

（3）真叶　按其着生枝条的不同，真叶分为主茎叶和果枝叶，皆为互生，为完全叶，由叶片、叶柄和托叶3部分组成。

①托叶：托叶2片，着生于叶柄基部两侧。主茎叶的托叶呈镰刀形，果枝叶的托叶近三角形。

②叶柄：叶柄为稍扁圆柱形，长短因品种而异。

③叶片：主茎第1片真叶全缘，第2片真叶浅裂成3个尖端，第3片叶有明显3裂片，第5叶开始有典型的5裂片。陆地棉叶片裂片浅，深度不及叶长的1/2，也有少数裂片深的“鸡脚棉”品种。陆地棉叶片绿色，也有少数红叶品种。叶片多数被有茸毛，叶背面毛重，也有少数无毛品种。叶背面中脉上离叶基1/3处有1个凹窝，为蜜腺，有时两侧裂片的侧脉上也生蜜腺，也有少数无蜜腺品种。陆地棉主茎叶序多为3/8螺旋式，即8片真叶围绕主茎或叶枝转3圈，第9叶与第1叶上下对应，相邻二叶平均绕轴135°。果枝上叶片的排列为二列互生。

4. 蕾、花、铃　由花芽分化至雌蕊分化期肉眼可见时到开花前的幼小生殖器官称为蕾。蕾是花的雏形。随着蕾的长大，花器各部分渐次发育成熟，即行开花，开花后的生殖器官称为铃。

（1）花器构造　棉花的花为单花，以花柄与果枝相连。花由外向内可分为以下5部分（图24-3）。

①苞叶：苞叶在花的最外层，共3片，绿色，呈三角形。上缘锯齿状，每片苞叶基部的外侧有1个下凹的苞外蜜腺。苞叶可保护花蕾，制造养分供蕾铃。

②花萼：花萼在苞叶内侧，花冠基部，由5个黄绿色萼片联合成杯状。在花萼外侧，相邻2个苞叶间的基部各有1个花外蜜腺。花萼内侧基部有1圈环状多毛的花内蜜腺。

③花冠：花冠由5片似三角形的花瓣互相旋叠组成，基部与雄蕊管联合。花瓣因品种不同有乳白色、黄色等。陆地棉花冠在开花当日多为乳白色，开花后由于日光照射促使花青素形成，次日变成粉红色，后逐渐变紫红色，然后干枯脱落。花冠除具保护作用外，还有临时储藏养料的功能。

④雄蕊：一般每朵花有60～90个雄蕊。雄蕊基部联合成管状，称为雄蕊

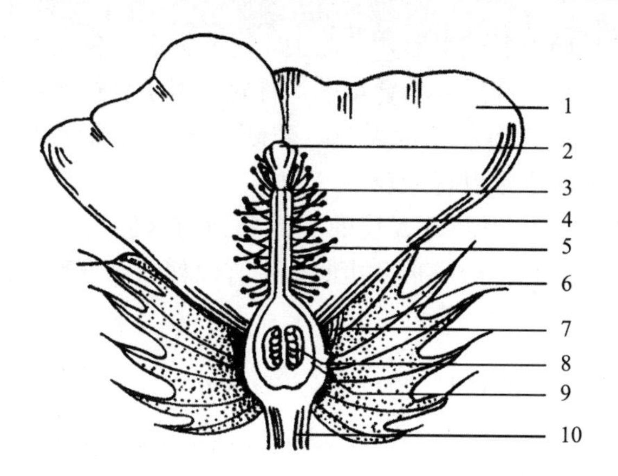

图 24-3　棉花花器官的纵剖面

1. 花冠　2. 柱头　3. 花柱　4. 雄蕊管　5. 雄蕊
6. 苞片　7. 萼片　8. 胚珠　9. 子房　10. 花柄
（引自中国农业科学院棉花研究所，1983）

管，包在花柱外面。雄蕊由花丝和花药 2 部分组成，每个花药常有 100～200 个花粉粒。

⑤雌蕊：雌蕊 1 枚，位于花朵中央，包括柱头、花柱和子房 3 部分。子房被心皮分割成 3～5 室，花柱被包围在雄蕊管中，柱头 3～5 裂，与子房室数相同。

（2）棉铃　棉铃由受精后的子房发育而成，俗称棉桃，在植物学上属于蒴果。棉铃内分 3～5 室，每室有棉瓤 1 瓣，内含种子 9～11 粒。未成熟的棉铃多呈绿色，其内深藏多色素腺而呈暗点状。

棉铃根据铃尖（有无和长短）、铃肩（有无）、铃面（光滑程度）、铃基（形状），可分为圆形、卵圆形、椭圆形等多种铃形。铃形是区别种及品种的重要性状。

棉铃经一定时间发育成熟后，铃壳裂开，铃内露出蓬松的籽棉，即为吐絮。根据不同的发育时期可分为幼铃与成铃。棉花铃质量常以单铃质量或百铃重（即 100 个棉铃的质量）的表示。铃质量是产量构成因素之一，其大小除受品种特性影响外，还与结铃部位有关。目前，陆地棉品种铃质量分为大、中、小 3 类，其标准是：大铃铃质量在 7 g 以上，中铃铃质量为 5～7 g；小铃铃质量在 5 g 以下。

5. 种子　棉花的种子由受精后的胚珠发育而成。棉籽为无胚乳种子，在构造上分为种皮（籽壳）和种胚（棉仁）两部分。带有纤维的种子称为籽棉；籽棉轧去纤维后，棉籽上附有短绒的称为毛籽；种子上无短绒的称为光籽；只在端部有短绒的称为端毛籽。

棉籽外形为长椭圆形或梨形，一头尖，一头钝圆，尖端有 1 个籽柄，也是珠孔遗迹所在的一端；钝圆端为合点端，种脊连贯于籽柄及合点之间。

成熟的种子种皮为黑色或棕褐色，壳硬。未成熟棉籽种皮呈红棕色或黄色，壳软。棉籽的大小常以籽指表示。

6. 纤维 棉纤维是由胚珠表皮的一部分细胞延伸发育而成的单细胞。短纤维平直，长纤维成熟时形成很多扭曲。带有棉籽的纤维称为籽棉，剥去种子的纤维称为皮棉。

（二）4 个栽培棉种识别

棉属有 4 个栽培种：陆地棉（*Gossypium hirsutum* L.）、海岛棉（*G. barbadense* L.）、中棉（*G. arboreum* L.，又称为亚洲棉）、草棉（*G. herbaceum* L.，又称为非洲棉）。其中陆地棉和海岛棉又称为新世界棉，中棉和草棉又称为旧世界棉。4 个栽培棉种的主要性状检索表见表 24-2，主要形态特征见图 24-4 和表 24-3。

表 24-2 4 个栽培棉种的主要性状检索表

A_1 苞叶基部联合，苞齿短，花萼上缘平，花瓣基部有红斑，铃柄下垂，植株纤细，叶、花、铃、种子均较小……………………旧世界棉

B_1 苞叶紧围花外，长大于宽，苞齿较少，叶裂口较深，铃尖长，铃面有凹点，油腺明显。………中棉

B_2 苞叶向外散开甚大，宽大于长，苞齿较多，叶裂口较深，铃圆形或扁圆形，铃面光滑，油腺不明显。……………………草棉

A_2 苞叶基部分离，苞齿长而多，花萼上缘锯齿状，花瓣基部一般无红斑，铃柄向上，植株粗壮，叶、花、铃、种子均较大……………………新世界棉

B_1 茎有茸毛，叶面无油光，叶基部有红点，花乳白色，铃圆形或椭圆形，铃面光滑，油腺明显。……………………陆地棉

B_2 茎光滑，叶面有油光，叶基无红点，花金黄色，铃形尖长，铃面有凹点，油腺明显。………海岛棉

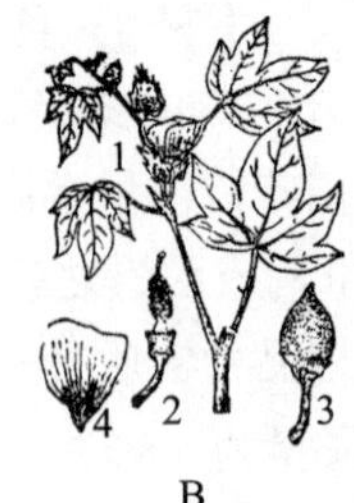

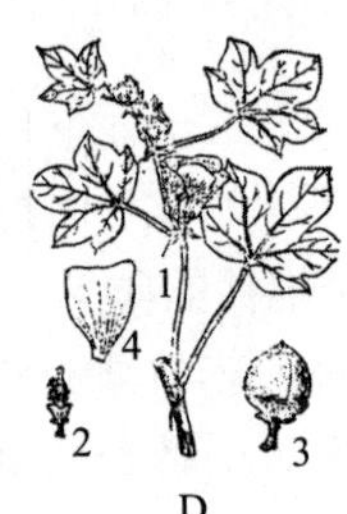

图 24-4 棉花 4 个栽培种的叶、花和铃

A. 陆地棉 B. 海岛棉 C. 中棉 D. 草棉

1. 果枝 2. 花蕾 3. 成熟铃 4. 花瓣

（引自中国农业科学院棉花研究所，1959，经整理）

表 24-3　4个栽培棉种的主要形态特征

（引自中国农业科学院棉花研究所，1959，经整理）

项目		陆地棉	海岛棉	中棉	草棉
染色体数		四倍体（$2n=52$）	四倍体（$2n=52$）	二倍体（$2n=26$）	二倍体（$2n=26$）
棉株大小		大	大	小	小
子叶形状		茧形或椭圆形，较大较厚	半圆形，大而肥厚	肾形，较小而薄	长椭圆或肾形，小而薄
真叶	大小	中等	大	小，长大于宽	小，宽大于长
	裂口深浅	小于1/2	大于1/2	1/2～1/3	小于1/2
	中裂片形状	宽三角形	长而渐尖	矛头形	短矛头形
	叶面茸毛	多长茸毛	无茸毛或少长茸毛	有细茸毛或少长茸毛	稀茸毛
	叶柄	长	长	短	短
苞叶	苞齿长短、多少	长而多，7～12个	长而多，10～15个	短而少，3～4个	短而多，6～8个
	基部的离合	分离	分离（半分离）	联合	联合，向外反
	苞基蜜腺	有	有	无	无
花萼		上缘5个锯齿	上缘5个锯齿	上缘平	上缘平
花瓣	颜色	乳白色	金黄色	鲜黄色（少数白色、红色）	黄色
	大小	中等	大	小	小
	基部红斑	常无	有	常有	有
棉铃	大小	大	中等	较小	小
	形状	圆形或椭圆形	较尖长	较尖长，有铃肩	圆形或扁圆形
	铃面凹平	光滑	有大凹点	有小凹点	光滑
	室数	4～5	3～4	3～4	3～4
	油腺	明显	明显	明显	不明显
种子	大小	大	大	小	小
	光毛	毛籽	端毛籽或光籽	毛籽或光籽	毛籽或光籽
	纤维	较细长	细长	短而粗	短而细

三、实验材料和工具

1. 实验材料　实验材料为陆地棉、海岛棉、中棉和草棉的新鲜植株，叶、蕾、花、铃、籽棉、种子和纤维的实物、有关标本和挂图。

2. 实验用具 实验用具有解剖镜、解剖刀、钢卷尺、镊子等。

四、实验方法和步骤

（一）棉花各器官观察

对照挂图和实物，观察陆地棉的根、茎、叶、花、果实、种子和纤维。重点调查以下几方面。

① 观察根系形状、长短、数目。

②观察并测量子叶节的位置、茎高、茎粗、茎色、节间长度、节数。

③比较棉株果枝与叶枝的区别。

④ 识别不同叶片种类、真叶的构成、叶序。

⑤由外至内观察花器构造。

⑥区分成铃和幼铃。

⑦区分毛籽与光籽，观察种皮颜色、种子构成。

（二）4 个栽培棉种识别

根据检索表观察 4 个栽培棉种的主要形态特征，从苞叶、真叶、花瓣、棉铃、种子等方面比较其异同。

五、作　　业

1. 列表说明棉花果枝与叶枝在形态上的区别，绘制棉花 2 种分枝（叶枝、果枝）的图式。

2. 绘制棉花花朵纵切面图、铃的横切面图，并注明各部分的名称。

3. 4 个栽培棉种在叶、花、铃方面的主要区别有哪些?

实验二十五　棉花各生育时期田间诊断

一、实验目的

1. 掌握棉花蕾期、花铃期生育特点，学习蕾期、花铃期田间诊断技术。
2. 根据诊断结果，能够提出具体栽培管理措施。

二、实验内容说明

（一）棉花蕾期田间诊断

棉花蕾期是由现蕾到开花的一段时间，中熟陆地棉品种一般需经历 25～30 d，是营养生长与生殖生长并进时期，但仍以营养生长为主。生产上受品种、密度、肥水条件等因素影响，会出现偏弱型、偏旺型和健壮型 3 种类型的棉株。

田间诊断的主要依据是长势长相。长势是器官形态连续变化的趋势，是动态的指标，例如株高的日增长量、出叶速度、果枝和果节数目的增长速度、叶面积指数动态等。长相是棉花各生育时期的形态特征，是静态的指标，例如株高、茎粗、红茎比率、果枝数、果节数、叶片大小、叶色等。通过田间诊断，分清不同类型棉株及其所占比例，可以为制定下阶段管理措施提供依据。棉花蕾期适宜的长势长相如下。

1. 主茎性状

（1）株高　株高在现蕾时为 12～20 cm，在盛蕾期为 30～35 cm。

（2）主茎日增长量　主茎日增长量在现蕾至盛蕾期为 1.0～1.5 cm，在盛蕾至初花期为 1.5～2.0 cm。

（3）高宽比和红茎比　棉株横向生长快时，苗敦实。现蕾初期棉株宽度略大于高度，至初花前宽度和高度相近。红茎比为 60%～70%，低于 60%有旺长趋势，红茎比过高则为弱苗。

2. 叶片性状　现蕾时主茎真叶有 6～8 片，主茎倒 4 叶宽为 8 cm；见花时主茎倒 4 叶宽为 15 cm。叶色油绿，叶片稍薄，叶柄较短。

按照离地面的自然高度，由上向下的叶位顺序应为倒数第 4、3、2、1 叶或（4、3）、2、1 叶，即叶片盖顶，生长点稍凹陷；若出现 1、2、3、4 叶或 2、1、3、4 叶的排列，则成为“冒尖”，为长势偏弱的表现，可能缺肥缺水；若第 4 片叶显著高于第 3 片叶，茎顶下陷，说明长势偏旺。

现蕾至盛蕾期的叶面积指数应为 0.2～0.4，至开花期可达到 1。

3. 现蕾速度　现蕾至盛蕾期，每株每 1.5～2.0 d 增加 1 个蕾，盛蕾至初花期每株每天增加 1.5 个蕾，开花期每株现蕾数达到 26～30 个。

4. 果枝和果节性状　正常棉田现蕾至初花期，单株每增 1 个果枝需 2.0～2.5 d，每增 1 个果枝增加 2.0～2.5 个果节。至开花时果枝数可达 9～11 个。

蕾期高产棉株长相应为：株型紧凑，茎秆粗壮，果枝平伸，叶片大小适中，蕾多蕾大。若株型松散，叶大蕾小，是旺苗；若株型矮小，秆细株瘦，叶小蕾少，是弱苗。

（二）棉花花铃期田间诊断

花铃期可划分为初花期和盛花结铃期两个时期。初花期约 15 d，是棉花一生生长最旺盛的时期。进入盛花结铃期后，生殖生长逐渐占据优势，代谢旺盛，是营养生长与生殖生长最容易发生矛盾的时期。此时植株对肥水的吸收达到一生的最高峰。若初花期肥水过多，往往引起徒长，营养生长与生殖生长失调，造成大量蕾铃脱落。反之，会使营养生长不足。盛花结铃期肥水过多会引起后期贪青晚熟，过少则会造成早衰。棉花花铃期适宜的长势长相如下。

1. 主茎性状

（1）株高　株高在初花期为 50 cm 左右，在盛花期为 70～80 cm，最终株高为 100～110 cm。

（2）主茎日增长量　主茎日增长量在初花期为 2.0～2.5 cm，低于 2 cm 为长势偏弱，高于 3 cm 为长势偏旺。

（3）红茎比　红茎比在初花期为 70%左右，在盛花期为 90%左右，顶部保持 10 cm 左右的青茎。此时若红茎到顶，表明植株受旱、缺肥，长势偏弱，是早衰的象征。若红茎比过小，则有秋发晚熟趋势。

2. 叶片性状　开花前主茎倒 4 叶宽度达到最大，为 15 cm 左右，以后逐渐减小。

开花期前后，由上向下的叶位顺序应为倒数第（4、3）、2、1 或 3、4、2、1，开花到盛花期为（3、2）、1、4 或 3、2、1、4。

叶面积指数在初花期达 1.5～2.0，在盛花期以 3.5～4.0 为宜。超过 4.5 时表明发生旺长。

3. 现蕾速度　开花后每株每天增加 1.5 个蕾。

4. 果枝和果节性状　开花后每 2～3 d 出生 1 个新果枝。适宜的果枝和果节数随密度不同而不同，但同一产量水平下的果枝和果节数应达到一定要求。一般皮棉产量为 1 125～1 500 kg/hm^2时，每公顷对应的果枝数应为 67.5 万～75.0 万，果节数应为 225 万～270 万。

花铃期高产棉株长相应为：株型紧凑，呈塔形，果枝健壮，节间较短，叶色正常，花蕾肥大，脱落少，带桃封行。如果株型高大松散，果枝斜向生长，叶片肥大，花蕾瘦小，脱落多，属旺长。相反，若植株瘦小，果枝短，叶小蕾少，属长势不足。

三、实验材料和用具

1. 实验材料　实验材料为提前种植形成的正常苗、徒长苗和弱苗 3 种类型苗情现场。

2. 实验用具　实验用具有钢卷尺、游标卡尺、记载表、标牌等。

四、实验方法和步骤

在正常苗、徒长苗和弱苗 3 种类型棉苗的每块棉田选 3 点，每点定 10 株，调查以下项目，填入表 25-1。

1. 株高　株高即主茎高度，为子叶节至顶端生长点的长度（cm）。打顶后测量至最上果枝的基部。

2. 茎粗　茎粗指子叶节与第 1 真叶节之间的茎最细部分的直径（mm）。

3. 红茎比　红茎比指红茎高占株高的比例（%）。其中，红茎是从棉株子叶节至红绿茎交接处的距离（cm）。

4. 果枝数　单株上所有果枝的数目为果枝数。

5. 第 1 果枝着生节位　第 1 果枝着生节位指在主茎着生的最下部果枝着生的节位，子叶节不计算在内。

6. 第 1 果枝着生高度　第 1 果枝着生高度指主茎上从子叶节到着生第 1 果枝处的距离（cm）。陆地棉品种一般是 6～8 cm。

7. 主茎叶片数　主茎叶片数指主茎上已展平的叶片数，也称为叶龄。

8. 叶位　叶位指主茎顶端 4 片主茎叶高低的位置。正常生长的棉花，苗期和蕾期生长点被顶部的主茎叶遮蔽，顶部 4 叶的位置自上而下依 4、3、2、1 的次序排列（即从棉株上部数起第 4 叶在最上，第 1 叶在最下面），或（4、3）、2、1，即第 3、4 叶持平。

9. 总果节数 总果节数指单株上已现蕾的总数，调查时等于1株上的蕾数、花数、铃数、脱落数的总和。

10. 蕾数 蕾数即单株总蕾数。幼蕾以三角苞叶直径达3 mm，肉眼可见作为计数标准。

11. 脱落数 果枝上无蕾、铃的空果节数即为脱落数。

12. 脱落率 脱落率指脱落数占总果节数的比例（%）。

13. 开花数 开花数指调查当天的单株开花数（上午为乳白色花，下午为浅粉红色）。

14. 幼铃数 幼铃数指每株上的幼铃数。幼铃的标准是开花后2 d到8～10 d以内子房横径不足2 cm的棉铃，一般以铃尖未超过苞叶，横径小于大拇指甲作为标准。

15. 成铃数 成铃数指开花已8～10 d，横径大于2 cm，但尚未开裂吐絮的棉铃数。

16. 吐絮铃数 吐絮铃数指铃壳成熟开裂，见到棉絮的棉铃数。

17. 烂铃数 烂铃数指铃壳腐烂面积占铃面的一半以上的棉铃数。

表25-1 棉花不同类型植株生育性状调查

调查点： 类型： 品种： 调查人： 日期： 行距×株距（cm）：

株号	株高（cm）	茎粗（cm）	红茎比	果枝数	第1果枝着生节位	第1果枝着生高度（cm）	主茎叶片数	叶位	总果节数	蕾数	花和幼铃数	成铃数	吐絮铃数	烂铃数	脱落数
1															
2															
3															
⋮															
平均															

五、作　　业

1. 提交棉花不同类型棉苗的生育性状调查表（表25-1）。

2. 根据调查结果，对当前生长情况做出简单评述，并提出下一步管理措施。

实验二十六　棉花成熟期测产与考种

一、实验目的

1. 掌握棉花产量预测的方法。
2. 掌握棉花考种的基本方法和步骤。

二、实验内容说明

（一）棉花测产

棉花测产的方法分为理论测产和实收测产。

1. 理论测产　棉花理论产量分为籽棉产量和皮棉产量。单位面积籽棉产量是单位面积株数、单株铃数和单铃质量3个产量构成因素的乘积。单位面积皮棉产量是单位面积籽棉产量和衣分的乘积。理论测产一般在棉株结铃基本完成，棉株下部1～2个棉铃开始吐絮时进行。黄河流域棉区一般在9月10日以后进行。过早时，棉株的结铃数目尚难以确定；过晚时，起不到产量预测的目的。

2. 实收测产　因棉花成熟期不一致，在大面积实收测产中，需要先选择有代表性的田块，测量该田块的面积，或者选择一定面积，分次收获成熟的棉絮，称量累加计产。

（二）棉花考种

考种就是对棉花的产量和纤维品质进行室内分析。考种项目和内容很多，下面仅介绍与栽培技术有关的几项主要调查内容。

1. 单铃质量　一株棉花不同部位的铃质量不同，不同类型不同产量的棉田，棉株不同部位的棉铃所占比例也不同。因此测定单铃籽棉质量应以全株单铃籽棉的平均质量来计算。单铃质量测定之前要充分晒干，含水量以不超过8%为宜。

2. 衣分　皮棉质量占籽棉质量的比例（%）即为衣分。衣分是棉花的重要经济性状。理论测产时可根据本品种常年平均衣分及当时长势和天气条件等确定。实测方法为将采摘的籽棉混匀取样，称量后轧出皮棉再称量。

3. 衣指和籽指 100粒籽棉上产生的皮棉的绝对质量即为衣指（g）。100粒棉籽的质量为籽指（g）。衣指与籽指存在着高度的正相关，即铃大，种子大，衣指就高，反之就低。测定衣指和籽指的目的，是避免因单纯追求高衣分而选留小而成熟不好的种子。

4. 棉纤维长度 纤维长度与纺纱质量关系密切（表26-1）。当其他品质参数相同时，纤维愈长，其可纺支数愈高，可纺号数愈小。棉花不同种、不同品种的纤维长度差异很大，同一品种在生长的环境条件和栽培措施不同时亦有变化，同一棉铃不同部位棉籽上的纤维长度亦有差异。

表26-1 原棉纤维长度与可纺支数的关系

（引自中国农业科学院棉花研究所，1983）

原棉种类	纤维长度（mm）	细度（m/g）	可纺支数
长绒棉	23～41	6 500～8 500	100～200
细绒棉	25～31	5 000～6 000	33～90
粗绒棉	19～23	3 000～4 000	15～30

注：纺纱支数为表示纱的粗细的一种质量单位，以往用英制支数，现国家统一采用公制支数，分别指每1 lb（英制）或1 kg（公制）棉纱的长度为若干个840 yd（英制）或若干千米（公制）时，即为若干英支或若干公支。纱越细，支数越高。

三、实验材料和用具

1. 实验材料 实验材料为大田或试验小区内，不同品种或不同生长类型的吐絮期棉株。

2. 实验用具 实验用具有小型轧花机、皮尺、剪刀、天平、钢卷尺、计算器、纸袋、梳绒板、梳子、毛刷等。

四、实验方法和步骤

（一）理论测产

1. 样方选择 测产前应先掌握大田生长状况。若整体差异较大，则应先按区域划分等级，每个等级地块选择代表性样方进行测产，乘以该等级的面积，获得该等级产量。所有等级棉田产量相加，得到全田产量。

2. 选点取样　每个等级地块选点个数，根据田块大小、生长整齐度、测产精度来确定。取样常用方法有对角线法、梅花形法。一般每块地选3～5个点。边行、地头、生长强弱不均、过稀过密的地段均不宜作取样点。

3. 调查产量构成因素

（1）每公顷株数

①行距测定：每点数11行（10个行距），量其宽度总和，再除以10即得行距。

②株距测定：每点在一行内取21株（20个株距），量其总长度，再除以20即得株距。

③计算每公顷株数：其计算公式为

$$\text{每公顷株数}=\frac{10\ 000\ \mathrm{m}^2}{\text{行距（m）}\times\text{株距（m）}}$$

（2）单株铃数　每个样点随机选3行，每行连续10株，共计30株。分别调查吐絮铃数、成铃数和幼铃数。烂铃通常不计在内，在计算单株生产力及三桃比率时可供参考。计算公式为

$$\text{总成铃数}=\text{吐絮铃数}+\text{成铃数}+\text{幼铃数}\times\frac{1}{3}$$

（3）单铃质量　每点取5～10株棉花，记载其总铃数，分期采摘后称总质量，求出平均单铃质量。计算公式为

$$\text{平均单铃籽棉质量（g）}=\text{籽棉总质量（g）}/\text{总铃数}$$

（4）衣分　将采摘的籽棉混匀取样，一般每样取500 g籽棉（至少取200 g），称量后轧出皮棉。衣分测定一般需取样2～3个，求其平均数。计算公式为

$$\text{衣分}=\text{皮棉质量（g）}/\text{籽棉质量（g）}\times100\%$$

4. 计算理论产量　按照下列公式计算理论产量。

$$\text{籽棉产量（kg/hm}^2\text{）}=\frac{\text{每公顷株数}\times\text{平均单株铃数}\times\text{平均单铃籽棉质量（g）}}{1\ 000}\times0.85$$

$$\text{皮棉产量（kg/hm}^2\text{）}=\text{籽棉产量（kg/hm}^2\text{）}\times\text{衣分（\%）}$$

每班分成3个小组，每组8～10人。每组测1个类型的田块。按照上述实验内容说明选点、量株行距、数单株铃数，单铃质量和衣分可根据条件来做。将各项数据填入表26-2。

（二）实收测产

1. 测量面积 选择代表性样方，测量土地面积。

2. 分期摘花 一般分 3 次集中采摘。

3. 晾晒称量 采摘之后的棉花及时晾晒，籽棉含水率下降至 12%以下时可以称量。收获完毕，将各次收获的产量累加得到样方实收产量。

（三）棉花考种

棉花考种项目除单铃质量和衣分外，还包括以下项目。

1. 衣指和籽指测定 用小型轧花机轧取 100 粒籽棉上的纤维，称其质量，即为衣指；相应的棉籽重量即为籽指。以克为单位，测定 2～3 次，取其平均值。

2. 纤维长度测定 棉花纤维长度的测量方法，可以分为皮棉测量和籽棉测量 2 种。本实验采用左右分梳法进行籽棉纤维长度测定，其步骤如下。

（1）取样 在测定棉样中随机取 20～50 个棉瓤（取样多少依样品数量确定）。通常以棉瓤Ⅲ位籽棉为准（图 26-1）。

（2）梳棉 取籽棉用拨针沿种子缝线将纤维左右分开，露出明显的缝线。用左手拇指、食指持种子并用力捏住纤维基部，右手用小梳子自纤维尖端逐渐向棉籽基部轻轻梳理一侧的纤维，直至梳直为止，然后再梳另一侧。注意不要将纤维梳断或梳落。最后将纤维整理成束，呈蝶状。仔细地摆置在黑绒板上。如果纤维尚有皱缩，可用小毛刷轻轻刷理平直。

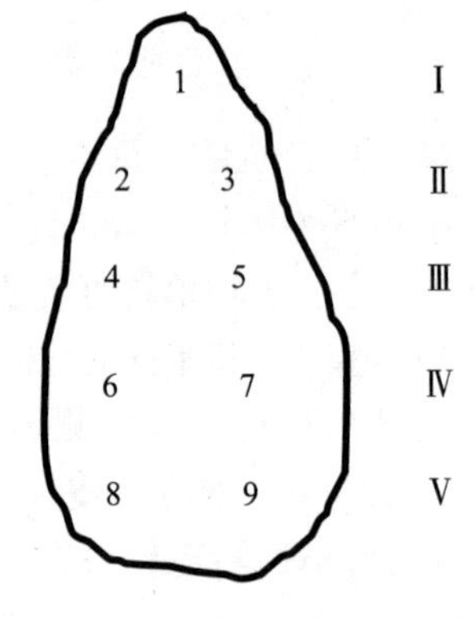

图 26-1 棉瓤中棉籽位置排列

（3）测定长度 在多数纤维的尖端用小钢尺与种子缝线平行压一条切痕。切痕位置以不见黑绒板为宜。然后用钢尺测定直线间的长度，并除以 2，即为籽棉纤维长度，以毫米为单位。

五、作 业

1. 按照表 26-2 项目，填写测产情况。

2. 棉田测产中，影响测产准确性的因素有哪些？怎样减少误差？

表 26-2　棉花测产记录

日期：　　　　　　　　测定人：

样点	行距（m）	株距（m）	密度（株/hm^2）	株号	单株铃数				单铃质量（g）	衣分（%）	籽棉产量（kg/hm^2）	皮棉产量（kg/hm^2）
					吐絮铃	成铃	幼龄	合计				
				1								
				2								
				⋮								
				平均								

实验二十七　麻类形态、茎部解剖构造观察及纤维含量测定

一、实验目的

1. 识别亚麻、大麻、苘麻、红麻和苎麻的主要形态特征；了解大麻雌株和雄株的区别；了解油用亚麻和纤维亚麻的区别。

2. 了解麻茎中部横切面解剖构造；了解不同麻类纤维层的特点和纤维细胞的形状。

3. 比较不同麻类（或品种）的麻皮（纤维）含量。

二、实验内容说明

韧皮麻类作物包括亚麻、大麻、苎麻、苘麻、红麻、黄麻等。尽管都是双子叶植物，茎结构有相似之处，但分属不同的科属，形态上彼此差异较大。

（一）亚麻

亚麻属亚麻科亚麻属一年生草本植物。依形态及用途不同分为 3 种类型：纤维亚麻（收获纤维为主）、油用亚麻（收获种子为主）和兼用亚麻。

1. 根　亚麻根系属直根系，由主根和侧根组成。主根入土 100～150 cm，侧根和支根密集分布在 5～10 cm 的耕层内。纤维亚麻的根系相对不发达，油用亚麻的根系比纤维亚麻发达。

2. 茎　亚麻茎呈圆柱形，浅绿色，成熟后变黄色。表面光滑，附有蜡质。

纤维亚麻株高为 60～120 cm，茎中部直径为 1.0～1.5 cm，是最适宜的工艺要求，其出麻率高，有较多的优质纤维。脱粒后的茎称为原茎，上部有少数分枝。茎由表皮、韧皮部、形成层、木质部和髓 5 部分组成。韧皮部内有20～40 个纤维束，每束由 15～40 个单纤维细胞相互胶结而成。单纤维细胞呈狭长纺锤形，长度为 20～40 mm，宽度为 10～25 μm。亚麻纤维为初生纤维，成束存在。

油用亚麻株高为 30～60 cm，基部或有分枝；上部分枝多，工艺长度短，

占株高的比例偏小。茎中木质部发达，纤维含量低。

兼用亚麻介于上述二者之间。

3. 叶　亚麻叶为绿色，全缘，无叶柄。下部叶片较小，呈匙形。中部叶片较大，呈纺锤形。上部叶片细长，呈披针形或线形。一株亚麻能生出50～120枚叶，叶长为1.5～3.0 cm，宽为0.3～0.8 cm。下部6～8片叶互生，其他叶片呈螺旋状着生于茎的外围。纤维亚麻的叶片比油用亚麻及兼用亚麻的要稀。

4. 花　亚麻的花序为聚伞花序，着生在分枝顶端。花多数为蓝色（由浅蓝色到蓝紫色）或白色，少数为粉红色。每朵花有花萼5枚、花瓣5枚、雄蕊5枚，雌蕊1枚。子房呈球形，5室，每室由半隔膜分为两半，各含1枚胚珠。亚麻为自花授粉作物。多数油用亚麻的花明显偏大。

5. 果实和种子　亚麻的果实为桃状蒴果（俗称麻桃），成熟时呈黄褐色，直径为5.8～10.5 mm，每个蒴果可结8～10粒种子。种子扁卵形，呈鸟嘴状，表面平滑，有光泽，呈深褐色，也有的呈浅褐色、黄色或白色。亚麻种子长为3.2～4.8 mm，宽为1.5～2.8 mm，厚度为0.5～1.2 mm。种子千粒重为3.5～4.8 g，种子含油率为35%～45%。多数油用亚麻的蒴果和种子偏大，种子千粒重达8 g左右。

（二）大麻

大麻为大麻科大麻属一年生草本植物。雄株称为花麻，雌株称为籽麻。

1. 根　大麻根系属直根系，主根入土1.5～2.0 m，侧根主要分布在20～40 cm表土层，横向伸展80 cm左右。根系的发育比地上部缓慢。雌株的根系较发达。

2. 茎　大麻茎直立，梢部有分枝。株高为2～4 m，茎粗为0.8～1.2 cm。茎上有茸毛，呈绿色、紫色等颜色。茎的横切面，基部呈圆形，中上部呈四方形或六边形。茎表面有纵向沟纹。一般雌株比雄株茎稍粗，分枝较多，生长期比雄株长。雄株茎较细，分枝很少，节间长，纤维含量高，纤维品质好。大麻纤维是束纤维。麻茎中部主要是初生纤维，该部分纤维细胞长，细胞壁厚，木质化程度低，工艺价值高。大麻纤维细胞长为7～50 mm，宽为14～17 μm，横断面呈不规则圆形或多角形，细胞腔或扁或圆。纤维细胞末端多呈二叉形。茎基部有少量次生纤维，短小，无利用价值。

3. 叶　大麻的叶有单叶和复叶。第1对真叶为椭圆形单叶，梢部1～3片叶为披针形单叶，其余叶为3～13个小叶组成的掌状复叶。叶的大小和裂片的数目，自茎的基部到中部逐渐增加，到上部又逐渐减少。叶片有短茸毛，叶缘粗锯齿状。雌株叶大而多，脱落较晚；雄株叶小而少，茎秆成熟时脱落。

大麻幼苗雌株和雄株有区别。雌株叶片淡绿色，心叶较平展，叶背为绿色或紫色，第2对叶叶柄为淡紫色或绿色；茎秆第1节间特别长，第2节间特别短，第1节和第2节的节间皮色多为绿色，或第1节间紫色，第2节间绿色；植株呈嫩绿色，粗壮。雄株叶片深绿色，心叶较上冲，叶背为紫色或暗紫色，第2对叶叶柄为淡紫色或紫色；茎秆第1节和第2节的节间长度差异表现不突出，第1节和第2节的节间皮色多为紫色；植株呈暗绿色，纤细。

4. 花 大麻雄株花序为复总状花序，每朵花有花萼5个和雄蕊5枚，花粉黄白色、圆形、有刺。大麻雌株花序为穗状花序，雌花很小，无花柄、花瓣，每朵花有雌蕊1个，柱头二裂、呈丝状突出于萼片外面。大麻靠风力或人工传粉，杂交率较高。短日条件下，易出现雌雄同株现象。

5. 果实和种子 大麻的果实为坚硬的瘦果，表面光滑，卵圆形，灰白色、暗灰色或褐色，有网状花纹。果实长为3～5 mm，宽为2.5～4.0 mm，厚为2.0～3.5 mm。每果有1粒种子，种子千粒重为9～32 g，种子含油率为28%～34%。

（三）红麻

红麻属锦葵科木槿属一年生草本植物，在热带可成为多年生灌木。

1. 根 红麻的根系为发达的直根系，有主根、侧根、支根、细根之分。主根粗大，入土50～60 cm，深者可达2 m左右；侧根入土可达20～30 cm。根系主要密集分布在0～30 cm耕层内。遇洪水淹渍时，茎生出不定根，洪水过后，不定根枯死。其耐旱性、耐涝性和抗风雨能力比其他麻类强。

2. 茎 红麻茎高为3～5 m，直径为0.5～2.0 cm，呈圆筒形，有绿色、红色、紫色等颜色。绿色茎秆的品种，茎的向阳部位生育后期多变为淡红色或红色；紫色和红色茎秆的品种，茎的颜色受环境条件影响小。红麻纤维是束纤维，次生纤维约占2/3，初生纤维约占1/3。纤维细胞短小，长度为2～6 mm，截面呈多角形或近椭圆形，纤维腔的宽度与纤维壁的厚度大致相等。

3. 叶 红麻叶为单叶，互生。叶柄长，且有针状刚毛，基部有托叶2片。叶缘有锯齿，叶色为绿色或红色。叶形分掌状裂叶型和全叶型2种。掌状裂叶基部叶片卵圆形，不分裂，向上渐分裂，形成3～7裂掌状叶片。生长中后期又由7裂向5裂叶、3裂叶变化，生长末期现披针形叶片。全叶型叶的叶形基本无变化。

4. 花 红麻的花较大，着生在叶腋间，单生或簇生。花柄短，苞叶下部与萼片部分联合。花瓣5枚，淡黄色，边缘白色，瓣心是红色或紫色。雄蕊

50～60 枚。雌蕊柱头 5 裂，淡红色或深红色，子房 5 室，每室胚珠 5 个。红麻为自花授粉作物。

5. 果实和种子　红麻的果实为桃形蒴果，黄褐色，密生刺毛。红麻的种子呈三角菱形，灰黑色，千粒重为 25 g 左右。

(四) 苘麻

苘麻属锦葵科苘麻属一年生草本植物。

1. 根　苘麻的根系属直根系，有主根和侧根之分，主根入土 1 m 以上，根系主要分布在 0～20 cm 的土层中。

2. 茎　苘麻的茎直立，高为 3～4 m，基部直径为 2～3 cm，表面密生茸毛。梢端有分枝。茎色有绿色、紫红色之分。苘麻纤维主要是初生纤维，成束存在，茎中部有几百束，每束有 9～10 层细胞。单纤维细胞长度为 1.6～6.0 mm，截面呈椭圆形或多角形，细胞腔圆形，细胞腔宽度超过细胞壁的厚度。少量次生纤维短小，无利用价值。

3. 叶　苘麻的叶互生，心脏形或圆形，叶缘有锯齿，密生茸毛。叶柄长为 3～30 cm；托叶小，披针形，脱落很早。下部叶片在生育后期陆续枯黄凋落。

4. 花　苘麻的花着生在叶腋间的假轴分枝上。每叶腋 1 朵花。花萼基部联合，上部分裂成 5 片。花冠 5 瓣，钟状，黄色。雄蕊 40～50 枚，花丝联合成管。雌蕊 1 枚，柱头分裂成 10～16 个。

5. 果实和种子　苘麻的果实为蒴果，半磨盘形，黄褐色，被有短而细的茸毛。每个蒴果有种子 40 粒左右。种子呈灰褐色，肾脏形，表面有细毛，千粒重为 9～18 g。麻籽含油率为 16%～19%。

(五) 苎麻

苎麻属荨麻科苎麻属多年生宿根草本植物。

1. 根　用种子繁育的苎麻发育成主根、支根和细根。无性繁殖的苎麻长不定根，部分肥大成为长纺锤形的肉质根（俗称萝卜根），因含有淀粉等储藏物质，又称为储藏根。湿度过大时，在茎基部长气生根。由地下的茎和根组成的根蔸又称为麻蔸。根群主要分布在 30～50 cm 的耕层中，细根深达 150～200 cm。

2. 茎　苎麻的茎分为地下茎和地上茎。地上茎丛生，株高为 1.5～2.0 m，直径为 1.5 cm 左右。茎多茸毛，成熟茎为褐色。苎麻纤维是单纤维，90%是初生纤维，成熟的纤维长为 20～150 mm，最长的可达 600 mm，宽为 20～80 μm。纤维细胞截面呈椭圆形或扁平形，腔细小。次生纤维数量少，分化发育迟缓。

地下茎有节、鳞叶和芽，可再生成地上茎，俗称种根。按照不同部位地下茎的形态和生长习性，通常分为3类：①发生不久的直径较小的细枝，向四周延伸较快，俗称跑马根。②跑马根长粗后，先端丛生许多芽或分枝的部分形如龙头，称为龙头根。③位于地下茎中段，其一端接根蔸，另一端伸出地面成为龙头，本身似扁担横生于地下，俗称扁担根。

3. 叶　苎麻的叶为单叶，互生。叶片呈椭圆形、近圆形或心脏形，长为7～17 cm，宽为6～14 cm。叶缘有粗锯齿，叶色为淡绿色、绿色或深绿色。叶柄长为3～15 cm，有2片托叶。

4. 花　苎麻为雌雄同株异花。花序复穗状，雄花序和雌花序分别着生在茎的中下部和梢部。雄花簇有雄花5～9朵，每朵花有雄蕊4枚。雌花簇有雌花100朵左右，花被筒状，尖端2～4裂；柱头尖细白色。

5. 果实和种子　苎麻果实为瘦果，深褐色，扁平，短纺锤形，有毛。种子千粒重为0.05～0.11 g。

三、实验材料和用具

1. 实验材料　实验材料为各种麻类作物的种子、幼苗和成株或浸制压制标本，各种麻类作物成熟茎解剖构造切片或不同成熟期鲜茎（用于徒手切片），工艺成熟期收获的植株及相应的多媒体演示课件（或挂图）。

2. 实验用具　实验用具有解剖刀、解剖针、放大镜、显微镜、镊子、米尺、游标卡尺、刀子、天平等。

四、实验方法和步骤

1. 形态特征观察　观察麻类作物的根、茎、叶、花、果实和种子，观察大麻雌株和雄株的形态特点及其区别，观察纤维亚麻和油用亚麻的形态特点及其区别。

2. 显微镜观察　取固定切片，或用鲜茎徒手临时切片，在显微镜下观察麻茎中部解剖构造和纤维细胞的特点。

3. 比较不同品种麻皮（纤维）**含量**　取每个品种代表性植株3株，称量后用刀划开韧皮，用手将麻皮和麻骨分离，将麻皮称量。如果是亚麻，可以取10株，称量后用木棍擀压，压扁麻茎，再用手和解剖针将麻皮与木质部分离，将麻皮称量，计算麻皮占麻茎的比例（%）。

五、作　　业

1. 列表说明观察到的主要麻类作物各器官的形态特点。
2. 列表说明观察到的主要麻类作物茎中部纤维的特点。
3. 比较纤维亚麻和油用亚麻、大麻雌株和雄株之间，其主要区别有哪些？
4. 比较不同麻类、不同类型或不同麻茎部位间纤维含量变化。

实验二十八　甜菜形态特征观察及糖分含量测定

一、实验目的

1. 识别甜菜的外部形态特征，掌握块根的形态构造。

2. 学习和掌握生产实践中常用的糖分测定方法，了解甜菜块根锤度与块根成熟度、块根大小的关系。

二、实验内容说明

（一）甜菜形态特征观察

甜菜属于藜科甜菜属的二年生草本植物，除目前栽培的普通栽培种外，还有许多野生种。

在普通栽培种内包含有几个变种。糖用甜菜即是其中之一。糖用甜菜在第一年营养生长期内形成繁茂的叶丛和庞大的根系。第二年生殖生长期内抽薹形成花枝，并开花结实。

1. 根　甜菜根系为直根系，肥大的主根称为块根。块根上与 2 片子叶方向相同的两侧，有 2 条略为凹陷的沟，称为根沟或腹沟。根沟内生有很多侧根。块根由以下几部分构成。

（1）根头　根头也称为根冠，因根头常露出地面，呈绿色，故又称为青顶子。根头实际是缩短的茎，由子叶上胚轴形成。其上着生叶片，称为茎生叶。

（2）根颈　根颈是位于根头与根体之间光滑的一段，由子叶下胚轴发育而来。其上既不长叶，也不长根。

（3）根体　根颈以下，至直径 1 cm 以上的部分称为根体。根体由胚根发育而成，其最大的特点是有腹沟并着生侧根。

（4）根尾　根体下部直径 1 cm 以下部分称为根尾。根尾入土很深，是生有多数侧根的不膨大的主根系。其含糖率低，无制糖价值。

综上所述，甜菜肥大的直根实际包括了根、茎和子叶下胚轴 3 部分，而不是纯粹由胚根发育的根系构成。

甜菜块根的最外层是周皮。块根的横切面可见同心圆的维管束环，这是甜菜的三生构造，维管束附近的薄壁细胞含糖分多，维管束环间的薄壁组织细胞大，含糖分少。成熟块根维管束环的数目为8～12。

2. 茎　第一年营养生长的甜菜，茎就是缩短的根头，上面着生叶丛。第二年生殖生长的甜菜，从根头部位生出许多花茎。花茎直立，有棱，上有分枝。株高可达1 m左右。由于每株花枝数目和生长姿态不同，通常可以分为3种类型。

（1）单枝型　这种类型仅由根头顶芽长出1个粗壮的主花茎，在花茎上部形成小的分枝。

（2）多枝型　这种类型除由根头顶芽生成花茎外，顶芽附近的侧芽也都长成花茎，而且粗细相似。

（3）混合型　这种类型有明显的主花茎，在主花茎下面还有由侧芽形成的细花枝。

3. 叶　甜菜最初长出1对子叶，呈披针形。以后生出真叶，最初的6～8片真叶对生，以后叶片在根头上轮生。叶具有叶柄。叶面平滑或有皱褶。在第二年生植株上，叶片较小，在花茎基部着生的小叶称为苞叶。

4. 花　甜菜花序为穗状花序。每片苞叶内，通常有3～4朵花。花为两性花，但却为异花授粉作物。花为单被花，只有花萼5片，基部互相连接，绿色。内有蜜腺，成熟后萼片木质化宿存。

5. 果实和种子　甜菜的果实属坚果与蒴果之间的类型，是由2～4个单个果实相互联合而成的复果（称为聚花果）。生产上所称的种子，实际上是果实。果实呈球状，成熟的果实萼片木质化，与硬化的果皮联合。果实上有几个突起的纹环，称为果盖。除去果盖后，便可见内含的种子。种子呈扁桃形，较小。种皮呈紫红色，很薄，由外种皮、内种皮、子叶、外胚乳和胚组成。

（二）甜菜糖分含量测定

锤度表示甜菜块根汁液中含有干物质的比例（%）。干物质由糖分和非糖物质组成。干物质可用手持式折光检糖仪或台式折光仪来测定。

甜菜块根的品质，可用甜菜汁的纯度来表示。纯度即压榨汁干物质中糖分所占的比例（%），即

$$\text{甜菜汁纯度}=\frac{\text{甜菜汁含糖量}}{\text{甜菜汁干特质含量}}\times 100\%$$

一般制糖厂加工，要求纯度为78%以上。在生长期间，特别是收获前，在田间测定块根的锤度，对甜菜收获期及糖厂开工日期均有重要参考价值。

利用手持式折光检糖仪，直接测得甜菜块根汁液中可溶性物质的含量，然后将此含量乘以系数（甜菜块根中蔗糖含量与其可溶物含量之比），即为肥大直根中的含糖量。此方法简单易行，可在田间测定。

手提式折光仪由镜筒、三棱镜箱、接目镜和接物镜4个部分构成。镜筒由2个套在一起的管子组成。三棱镜箱包括2个斜叠一起的三棱镜，上镜供通光之用，称为通光三棱镜；下镜供载物之用，称为载物镜。镜箱连于镜筒之一端，在镜筒的另一端装有可前后旋动的接目镜和刻度尺。调节螺旋和接物镜位于镜筒之内。

三、实验材料和用具

1. 实验材料　甜菜形态特征观察的材料包括甜菜第一年营养生长的成株，大、中、小不同的甜菜块根，采种的植株，甜菜种子和一年生的幼苗。糖分含量测定的材料为甜菜块根。

2. 实验用具　甜菜形态特征观察需要用解剖刀、放大镜、米尺。糖分含量测定的材料为折光检糖仪、取样器、压榨钳、纱布。

四、实验方法和步骤

（一）甜菜形态特征观察

1. 植株观察　取甜菜的植株，观察其的外部形态、叶的着生方式、种球的构造及表面形态。

2. 种株观察　取甜菜的种株，观察其株型、分枝特征、种球着生特点及开花特征。

3. 块根观察　取甜菜的块根，将其纵切和横切，观察其剖面的结构特点。

（二）甜菜糖分含量测定

1. 折光仪的校正　测定前要先进行折光仪的校正。方法如下：手持折光仪呈水平状态，将镜箱上的通光三棱镜掀起，用蒸馏水清洗载物镜和通光镜，并用细纱布拭干。然后滴2～3滴蒸馏水于载物镜上，盖好通光棱镜。将折光仪的接目镜靠近眼睛，使通光镜的通光孔正对充足的光源，观察视野中明暗两部分的交界线是否正好与刻度尺零点处的刻度横线相重叠。如不重叠要进行调整，或记下明暗交界线与零点刻度横线相差的刻度数，用于校正测定结果。在观察过程中应旋动接目镜，使视野内的刻度达到最清晰为止。

2. 取样　仪器校正完毕后，即可取样测定。先用取样器由根颈和根头部交界处从45°角方向斜向插入根内（经验证明：用这种角度取得的样品，测得的结果与将全根压榨测定的结果极为相近。而全根压榨法往往不能用于采种母根选择或育种个体选择）。然后抽出取样器，将取出的甜菜条两端的根皮切去。将甜菜条折成数段，置于压榨钳中压出汁液。

3. 测锤度　将压出的汁液滴2～3滴于折光仪的载物镜上后，用与校正仪器时相同的方法进行观察。此时，视野中明暗两部分交界线所在的刻度横线处，即为肥大直根中可溶性干物质的含量（%），即锤度。除蔗糖以外，肥大直根的可溶性干物质还有无机酸、胶质、含氮物等非糖物质。故锤度不能代表根中真正糖分的含量。

由于折光仪上的刻度尺是在20 ℃的温度下制定的，而光的折射率除与介质密度有关外，还受温度影响，故折光仪刻度尺上的读数只有在温度20 ℃时才正确，如果高于或低于20 ℃，就需要依照专用表（表28-1）进行校正。

表28-1　在非标准温度下测定的折光检糖仪指数校正表

温度（℃）	浓度（%）								
	0	5	10	15	20	25	30	35	40
读数中减去									
10	0.50	0.54	0.58	0.61	0.64	0.66	0.68	0.70	0.72
11	0.46	0.49	0.53	0.55	0.58	0.60	0.62	0.64	0.65
12	0.42	0.45	0.48	0.50	0.52	0.54	0.56	0.57	0.58
13	0.37	0.40	0.42	0.44	0.46	0.48	0.49	0.50	0.51
14	0.33	0.35	0.37	0.39	0.40	0.41	0.42	0.43	0.44
15	0.27	0.29	0.31	0.33	0.34	0.34	0.35	0.36	0.37
16	0.22	0.24	0.25	0.26	0.27	0.28	0.28	0.29	0.30
17	0.17	0.18	0.19	0.20	0.21	0.21	0.21	0.22	0.22
18	0.12	0.13	0.13	0.14	0.14	0.14	0.15	0.15	0.15
19	0.06	0.06	0.06	0.07	0.07	0.07	0.07	0.08	0.08
读数中加上									
21	0.06	0.07	0.07	0.07	0.07	0.08	0.08	0.08	0.08
22	0.13	0.13	0.14	0.14	0.15	0.15	0.15	0.15	0.15
23	0.19	0.20	0.21	0.22	0.22	0.23	0.23	0.23	0.23

（续）

温度（℃）	浓度（%）								
	0	5	10	15	20	25	30	35	40
24	0.26	0.27	0.28	0.29	0.30	0.30	0.31	0.31	0.31
25	0.33	0.35	0.36	0.37	0.38	0.38	0.39	0.40	0.40
26	0.40	0.42	0.43	0.44	0.45	0.46	0.47	0.48	0.48
27	0.48	0.50	0.52	0.53	0.54	0.55	0.55	0.56	0.56
28	0.56	0.58	0.60	0.61	0.62	0.63	0.63	0.64	0.64
29	0.64	0.66	0.68	0.69	0.71	0.72	0.73	0.73	0.73
30	0.72	0.74	0.77	0.78	0.79	0.80	0.80	0.81	0.81

4. 计算含糖量 在一般情况下，可溶性物质中糖分含量约占整个根中可溶性物质含量的83%。将测得的锤度乘以系数0.83，即得块根含糖量。

五、作　　业

1. 绘出甜菜块根的外部形态图并注明各部位名称。

2. 绘甜菜块根纵切面、横切面图并注明各部位名称。

3. 取大块、中块和小块3种块根，分别测定其含糖量，并说明含糖量与块根大小的关系。

主要参考文献

陈雨海，2004. 植物生产学实验［M］. 北京：高等教育出版社.
甘肃农业大学，2007. 作物栽培学实验指导：自编本［M］. 兰州：甘肃农业大学.
河北农业大学，2003. 作物栽培学实验指导书：自编本［M］. 保定：河北农业大学.
河南农业大学，1998. 作物栽培学实验指导：自编本［M］. 郑州：河南农业大学.
湖南农学院，1988. 作物栽培学实验指导［M］. 北京：农业出版社.
江苏省农业科学院，山东省农业科学院，1984. 中国甘薯栽培学［M］. 上海：上海科学技术出版社.
李卫东，2006. 玉米科学种植技术［M］. 北京：社会科学出版社.
李文，李伶俐，1998. 作物栽培学实验指导［M］. 郑州：河南农业大学.
辽宁省农业科学院，1988. 中国高粱栽培学［M］. 北京：农业出版社.
林汝法，2002. 中国小杂粮［M］. 北京：中国农业科学技术出版社.
凌启鸿，张洪程，丁艳锋，等，2007. 水稻精确定量栽培理论与技术［M］. 北京：中国农业出版社.
凌启鸿，张洪程，苏祖芳，等，1994. 稻作新理论——水稻叶龄模式［M］. 北京：科学出版社.
刘克礼，等，2008. 作物栽培学［M］. 北京：中国农业出版社.
马新明，郭国侠，2002. 农作物生产技术：北方本［M］. 北京：高等教育出版社.
南京农学院，1979. 作物栽培学：南方本上册［M］. 上海：上海科学技术出版社.
农业部种植业管理司，2008. 全国粮食高产创建测产验收办法（试行）［Z］.
农业部种植业管理司，2009. 全国棉花高产创建示范片测产验收办法（试行）［Z］.
曲文章，2003. 中国甜菜学［M］. 哈尔滨：黑龙江人民出版社.
山东农学院，1980. 作物栽培学：北方本［M］. 北京：农业出版社.
山东农业大学，1998. 作物栽培学实验指导［M］. 泰安：山东农业大学.
山东省花生研究所，1982. 中国花生栽培学［M］. 上海：上海科学技术出版社.
山东省农业厅，2011. 小麦高产创建项目田间测产验收办法［Z］.
沈阳农业大学，2003. 作物田间试验与实习：自编本［M］. 沈阳：沈阳农业大学.
沈阳农业大学，1989. 作物形态特征：自编本［M］. 沈阳：沈阳农业大学.
苏祖芳，周纪平，丁海红，2007. 稻作诊断［M］. 上海：上海科学技术出版社.
孙凤舞，1986. 作物栽培学［M］. 哈尔滨：东北农学院.

王伯伦，陈振武，2003. 作物栽培学实验指导 [M]. 沈阳：沈阳农业大学.
王荣栋，1998. 作物栽培学实验指导 [M]. 乌鲁木齐：新疆大学出版社.
王荣栋，尹经章，2005. 作物栽培学 [M]. 北京：高等教育出版社.
王树安，1995. 作物栽培学各论 [M]. 北京：中国农业出版社.
王月福. 作物栽培学实验指导：自编本 [M]. 莱阳：莱阳农学院，2005.
西北农业大学，1990. 作物栽培学实验指导书：自编本 [M]. 杨陵：西北农业大学.
西北农业大学，1996. 作物栽培学实验指导书：自编本 [M]. 杨凌：西北农业大学.
新疆农业大学，1998. 作物栽培学实验指导：自编本 [M]. 乌鲁木齐：新疆农业大学.
杨克军，李钟学，2005. 作物栽培 [M]. 哈尔滨：黑龙江人民出版社.
叶常丰，1957. 马铃薯 [M]. 北京：科学出版社.
于振文，2003. 作物栽培学各论：北方本 [M]. 北京：中国农业出版社.
张永成，田丰，2007. 马铃薯试验研究方法 [M]. 北京：中国农业科学技术出版社.
长江大学，2005. 作物栽培学实验指导书：自编本 [M]. 荆州：长江大学.
浙江农业大学，华中农学院，江苏农学院，南京农学院，湖南农学院，1981. 实用水稻栽培学 [M]. 上海：上海科学技术出版社.
中国农业科学院花生研究所，1963. 花生栽培 [M]. 上海：上海科学技术出版社.
中国农业科学院棉花研究所，1983. 中国棉花栽培学 [M]. 上海：上海科学技术出版社.
中国农业科学院油料作物研究所，1979. 油菜栽培技术 [M]. 北京：农业出版社.
邹德堂，赵宏伟，2008. 寒地水稻优质高产栽培理论与技术 [M]. 北京：中国农业出版社.

图书在版编目（CIP）数据

作物栽培学实验指导 / 于振文，李雁鸣主编．—北京：中国农业出版社，2019．9（2023．12 重印）
普通高等教育农业农村部“十三五”规划教材　全国高等农林院校“十三五”规划教材
ISBN 978-7-109-25642-2

Ⅰ．①作…　Ⅱ．①于…②李…　Ⅲ．①作物－栽培技术－实验－高等学校－教学参考资料　Ⅳ．①S31-33

中国版本图书馆 CIP 数据核字（2019）第 128213 号

中国农业出版社出版
地址：北京市朝阳区麦子店街 18 号楼
邮编：100125
责任编辑：李国忠　胡聪慧
版式设计：杨　婧　　责任校对：刘丽香
印刷：北京中兴印刷有限公司
版次：2019 年 9 月第 1 版
印次：2023 年 12 月北京第 2 次印刷
发行：新华书店北京发行所
开本：720mm×960mm　1/16
印张：9.5
字数：170 千字
定价：25.00 元